机械制图

主 编 雷军乐 刘 鹏 谭延科

吉林科学技术出版社

图书在版编目（CIP）数据

机械制图 / 雷军乐，刘鹏，谭延科主编. -- 长春：
吉林科学技术出版社，2022.4
ISBN 978-7-5578-9470-2

Ⅰ．①机… Ⅱ．①雷… ②刘… ③谭… Ⅲ．①机械制
图 Ⅳ．①TH126

中国版本图书馆 CIP 数据核字(2022)第 115988 号

机械制图

主　　编	雷军乐　刘　鹏　谭延科
出 版 人	宛　霞
责任编辑	高千卉
封面设计	金熙腾达
制　　版	金熙腾达
幅面尺寸	185mm×260mm
开　　本	16
字　　数	238 千字
印　　张	10.5
印　　数	1–1500 册
版　　次	2022年4月第1版
印　　次	2022年4月第1次印刷

出　　版　吉林科学技术出版社
发　　行　吉林科学技术出版社
地　　址　长春市南关区福祉大路5788号出版大厦A座
邮　　编　130118
发行部电话/传真　0431-81629529　81629530　81629531
　　　　　　　　　　81629532　81629533　81629534
储运部电话　0431-86059116
编辑部电话　0431-81629510
印　　刷　廊坊市印艺阁数字科技有限公司

书　　号　ISBN 978-7-5578-9470-2
定　　价　48.00 元

◎ 前　言

在现代化工业生产中，机械、化工、建筑工程都是根据图样进行制造和施工的。设计者通过图样表达设计意图；制造者借助图样了解设计内容、技术要求，以便指导生产和组织制造；使用者利用图样了解机器设备的结构性能，进行操作维修和保养。机械制图是用图样确切表示机械的结构形状、尺寸大小、工作原理和技术要求的学科。图样由图形、符号、文字和数字等组成，是表达设计意图和制造要求以及交流经验的技术文件，常被称为工程界的语言。在目前机械制造专业中，图样是整个工程交流的技术语言。机械制图可以保证图样设计思路更加真实准确，也能够为生产或检测提供准确的装备调试依据。在机械制图教学中，需要结合机械制造中的实际经验分析，加强机械制图的认知水平，能够顺利开展机械制图工作。作为职业教育培养目标的新技能型人才，必须学会并掌握这门技术语言，初步具备识读和绘制工程图样的基本能力。

机械制图是机械设计和机械制造大类专业的基础课程。机械制图能力是高技术人员必备的基本能力，作为以培养高素质技术技能型人才为目标的院校，要完善学员机械制图能力培养体系、提高教员职业素养、推行"行为导向教学法"，着力提升修理专业学员机械制图能力培养水平。学习机械制图对工程技术人员看图、识图有很大的帮助，有助于工程技术人员了解机械制造技术产品国际发展的现状与方向。

本教材突出为工程实际培养应用型人才的教学特点，加强内容的针对性、实用性和可读性，以适应高等院校广大师生及从事机械设计、机械制造人员识读和绘制图样能力培养的需求。主要由机械制图的基本知识与技能、正投影、曲面基本体的三视图和轴测图、切割体与相贯体的三视图、组合体、机件的表达方法、标准件和常用件零件图、装配图等部分构成。可作为工科机械类、机械制图及机械设计基础的专业学习用书，也可供各专业师生和工程技术人员参考。

在本教材的编写过程中，虽然著者在教材特色建设方面做了很大的努力，但由于自身水平有限，书中仍可能存在疏漏和错误之处，恳请各相关教学单位和读者在使用本书的过程中给予关注，并将意见及时反馈给著者，以便下次修订时改进。

◎目 录

第一章 机械制图的基础知识与技能

单元导读：

为了便于技术管理和交流，我国发布了国家标准《机械制图》和《技术制图》，对图样的内容、格式、尺寸注法和表达方法等都做了统一规定，使工程技术人员有章可循，这样的标准称为制图标准。

本章主要内容包括国家标准关于制图的基本规定、几何制图、平面图形分析及作图方法、常用绘图工具的使用方法。

单元目标：

1. 了解国家有关制图的规定。

2. 初步了解尺寸标注与几何制图的方法。

3. 对平面图形分析及作图方法有一定的认识。

4. 熟悉常用绘图工具的使用方法。

第一节 国家标准关于制图的基本规定

一、国家标准关于制图的基本规定

在绘制技术图样时，涉及各行各业必须共同遵守的内容，如图纸及格式、图样所采用的比例、图线及含义、图样中常用的数字和字母等，这些均属于规定基本范畴。我国于1959年颁布实施了第一个《机械制图》国家标准，并于1974年、1984年分别在此基础上进行了修订。近年来，为了与国际技术接轨，我国参照国际标准（ISO）再次对上述标准进行了修订，使之更加完善、合理和便于国际的技术交流及贸易往来。

"国家标准"简称"国标"。国标代号的含义以"GB/T 14689—2008"为例予以说明，其中，"GB"是国家标准的缩写（拼音字头），"T"表示全文为推荐性，"14689"是该标准的编号，"2008"表示该标准于2008年颁布。

（一）图纸幅面和格式（GB/T 14689—2008）

1. 图纸幅面尺寸

绘制技术图样时，应优先采用表1-1规定的基本幅面尺寸。幅面代号有5种，即A0、

A1、A2、A3、A4，其中 A0 幅面的图纸最大，其宽（B）× 长（L）为 841mm×1189mm，即幅面面积。A1 幅面为 A0 幅面大小的一半（以长边对折裁开）；其余幅面都是后一号为前一号的一半。必要时也可以按照规定加长幅面，但应按照基本幅面的短边整数倍增加。图纸幅面及其加长边如图 1-1 所示，其中粗实线部分为基本幅面，细实线部分为第一选择的加长幅面，虚线为第二选择的加长幅面。加长后幅面代号记作：基本幅面代号×倍数。例如，"A3×3"表示按 A3 图幅短边 297mm 加长 3 倍，即加长后的图纸为 420mm×891mm。

表 1-1　图纸基本幅面及图框尺寸（单位：mm）

图纸幅面代号	A0	A1	A2	A3	A4
尺寸（B×L）	841×1 189	594×841	420×594	297×420	210×297
c	10			5	
a	25				
e	20		10		

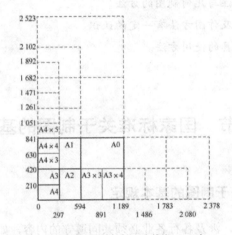

图 1-1　图纸幅面及其加长边（单位：mm）

2. 图框格式

图框线用粗实线绘制，表示图幅大小的纸边界用细实线绘制，图框线与纸边界之间的区域称为周边。图框又分为留有装订边和不留装订边两种格式。随着科学技术的发展，图样的保管也可采用缩微摄影的方法，它对查阅和保存图样来说都很方便，这种图样不需要留装订边。同一产品的图纸只能采用一种格式，如图 1-2 所示。

（1）不留装订边的图纸的图框格式如图 1-2a 和图 1-2b 所示，图中尺寸 e 按表 1-1 中的规定选用。

（2）留装订边的图纸的图框格式如图 1-2c 和图 1-2d 所示，图中尺寸 a、c 按表 1-1 中的规定选用。

（3）加长幅面图纸的图框尺寸，按比所选用的基本幅面大一号的图框尺寸确定。例如，A2×3 的图框尺寸，按 A1 的图框尺寸确定，即 e 为 20mm（c 为 10mm）；而 A3×4 的图框尺寸，按 A2 的图框尺寸确定，即 e 为 10mm（c 为 10mm），如图 1-1 所示。

（4）为复制或缩微摄影时定位方便，应在图纸各边长的中点处绘制对中符号。对中符号是从纸边界画入图框内 5mm 的一段粗实线，如图 1-2b 所示。

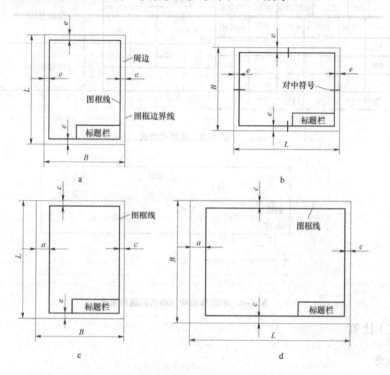

图 1-2 图框格式

a. 不留装订边的图框格式；b. 不留装订边、带对中符号的图框格式；c. 留装订边图纸格式（Y 型图纸）；d. 留装订边图纸格式（X 型图纸）

3. 标题栏

为了绘制出的图样便于管理及查阅，每一张图都必须有标题栏。通常标题栏位于图框的右下角。看图方向应与标题栏一致。GB/T 10609.1—2008《技术制图标题栏》规定了标题栏的格式和尺寸，两种标题栏的格式如图 1-3 和图 1-4 所示。机械制图推荐使用图 1-3 所示格式，学生制图作业常采用图 1-4 所示格式。

单位：mm

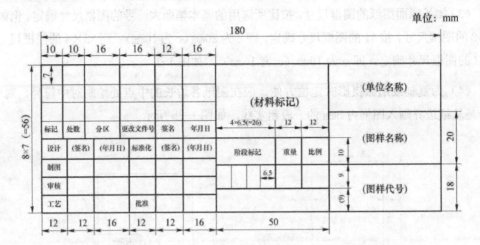

图 1-3 标题栏格式

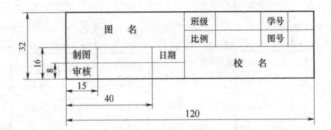

图 1-4 制图作业中推荐的标题栏格式

（二）比例

1. 概念

比例是图样中图形与其实物相应要素的线性尺寸之比。

2. 比例系数

比例系数见表 1-2。

表 1-2 比例系数

种类	比例		
	优先选择		允许选择
原值比例	1：1		
放大比例	5：1，2：1		4：1，2.5：1
	5×10^n：1 2×10^n：1		4×10^n：1 2.5×10^n：1
	1×10^n：1		
缩小比例	1：2，1：5，1：10		1：1.5，1：2.5，1：3，1：4
	1：2×10^n		1：1.5×10^n 1：2.5×10^n
	1：5×10^n 1：1×10^n		1：3×10^n 1：4×10^n

注：n 为正整数

绘图时应采用表 1-2 中规定的比例，最好选用原值比例，也可根据机件大小和复杂程度选用放大或缩小比例。无论缩小还是放大，在图样中标注的尺寸均为机件的实际尺寸，而与比例无关。同一机件的各个视图应采用相同比例，并在标题栏"比例"一项中填写所用的比例。当机件上有较小或较复杂的结构采用不同比例时，可在视图名称的下方标注比例，如图 1-5 所示。

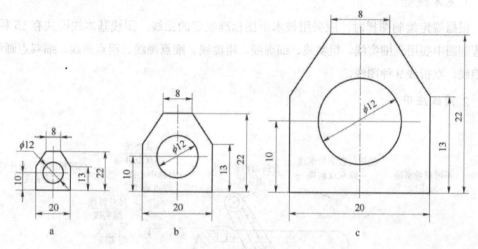

图 1-5　不同比例表达的图形

a.1 ∶ 2（图形尺寸是实物的 1/2）；b.1 ∶ 1（图形与实物同大）；c.2 ∶ 1（图形比实物大 1 倍）

（三）字体

图样还要用文字和数字来说明机件的大小、技术要求和其他内容。图样中书写的汉字、字母、数字必须做到字体工整、笔画清楚、间隔均匀、排列整齐。字体的号数即字体的高度，用 h 表示。它的公称尺寸系列有 1.8、2.5、3.5、5、7、10、14、20 八种，单位为 mm。如果要书写更大的字，其字体高度应按 $\sqrt{2}$ 的倍率递增。

1. 汉字

图样上汉字应写成长仿宋体，并应采用国家正式公布的简化字。汉字的高度 h 应不小于 3.5mm，其字宽一般为 $h/\sqrt{2}(\approx 0.7h)$。书写长仿宋体字的特点是：字形长方、横平竖直、粗细一致、起落分明、撇挑锋利、结构匀称。

2. 数字和字母

字母和数字分为 A 型和 B 型。A 型字体的笔画宽度为字高的 1/14，B 型字体的笔画宽度为字高的 1/10。在同一图样上，只允许选用一种形式的字体。一般采用 A 型斜体字，斜体字字头与水平线向右倾斜 75°。

3. 字体应用示例

充当指数、分数、注脚、尺寸偏差的字母和数字，一般采用比公称尺寸数字小一号的字体。

（四）图线

1. 基本线型

根据规定绘制图样时，应采用技术制图标准规定的图线，图线基本线型共有 15 种。工程制图中要用到细实线、粗实线、细虚线、粗虚线、细点画线、粗点画线、细双点画线、波浪线、双折线 9 种图线。

2. 图线应用

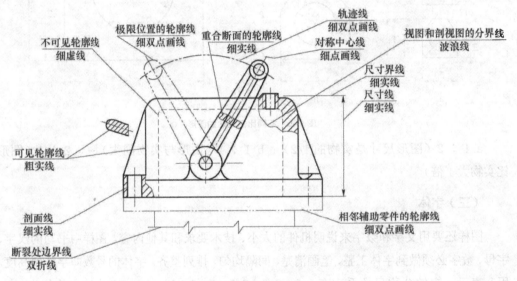

图 1-6　图线应用示例

3. 画线时注意事项

（1）实线相交不应有间隙或超出现象。

（2）在画细（粗）点画线、细双点画线时，其始末两端应为画（线段）。点画线、细双点画线和虚线各自相交、彼此相交或与其他图线相交时，均应以画（线段）相交，相交处不留空隙。

（3）细虚线直接在实线延长线上相接时，细虚线应留出空隙。细虚线圆弧与实线相切时，细虚线圆弧应留出间隙。

（4）画圆的中心线时，圆心应是画的交点；细点画线作为轴线，线段应超出轮廓线 2～5mm。

（5）当图线相交时，必须是线段相交。

（6）考虑到缩微制图的需要，两条平行线之间的最小间隙一般不小于 0.7mm。

第二节　尺寸标注与几何制图

一、尺寸标注

一张完整的机械图样不但要有图形，还要有尺寸标注。若要正确标注机械图样，则必须掌握机械制图中关于尺寸标注的基本规定。

（一）尺寸标注基本规定

（1）机件的真实大小应以图样上所注的尺寸数值为依据，与图形的大小及绘图的准确度无关。

（2）图样中尺寸以 mm 为单位时，不需标注计量单位的代号或名称；若采用其他单位，则必须注明相应的计量单位的代号或名称。

（3）图样中所标注的尺寸，为该图样所示机件的最后完工尺寸，否则应另加说明。

（4）机件的每一尺寸，一般只标注一次，并应标注在反映结构最清晰的图形上。

（二）尺寸标注的组成

如图 1-7 所示，一个完整的尺寸标注一般应由尺寸界线、尺寸线、尺寸数字三个基本要素组成。

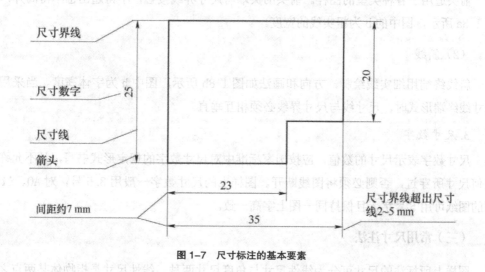

图 1-7　尺寸标注的基本要素

1. 尺寸界线

尺寸界线用细实线绘制，并应从图形的轮廓线、轴线或对称中心线引出；也可直接用轮廓线、轴线或对称中心线作为尺寸界线。尺寸界线一般与尺寸线垂直，必要时允许倾斜。尺寸界线应超出尺寸线的终端 2 ～ 5mm。

2. 尺寸线

尺寸线用细实线绘制，必须单独画出，不能与其他图线重合或画在其延长线上。标注线性尺寸时，尺寸线必须与所标注的线段平行；当有几条相互平行的尺寸线时，各尺寸线的间距要均匀，间隔要大于 7mm，应小尺寸在里、大尺寸在外，尽量避免尺寸线之间、尺寸线与尺寸界线之间相交。在圆或圆弧上标注直径或半径时，尺寸线一般应通过圆心或其延长线通过圆心。

尺寸线终端形式如图 1-8 所示。

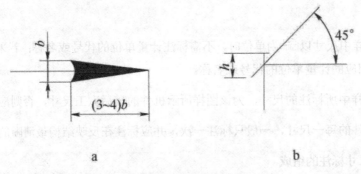

图 1-8　尺寸线终端形式

（1）箭头

箭头适用于各种类型的图样。箭头的尖端与尺寸界线接触，不得超出也不得离开，如图 1-8a 所示，图中的 b 为粗实线的宽度。

（2）斜线

斜线终端用细实线绘制，方向和画法如图 1-8b 所示，图中 h 为字体高度。当采用该尺寸线终端形式时，尺寸线与尺寸界线必须相互垂直。

3. 尺寸数字

尺寸数字表示尺寸的数值，应按国家标准中对尺寸数字的规定形式书写，且不允许被任何尺寸所穿过，否则必须将图线断开。图样上的尺寸数字一般用 3.5 号，对 A0、A1 幅面的图纸可用 5 号字，且保持同一图上字高一致。

（三）常用尺寸注法

图样上所标注的尺寸可分为线性尺寸与角度尺寸两种。线性尺寸是指物体某两点之间的距离，如物体的长、宽、高、直径、半径、中心距等；角度尺寸是指两相交直线（平面）所形成的夹角的大小。

1. 线性尺寸

（1）直线尺寸标注

水平直线尺寸的数字一般应写在尺寸线的上方或中断处，字头向上，如图1-9a所示。垂直方向的尺寸数字写在尺寸线的左方或中断处，字头朝左，倾斜方向的字头应保持朝上的趋势。为防止看图时出差错，应尽量避免在图1-9b所示30°范围内标注尺寸。当无法避免时，可按图1-9c所示注写。对于非水平方向的尺寸，在不引起误会的情况下，其数字可水平标注在尺寸线的中断处，如图1-10所示。

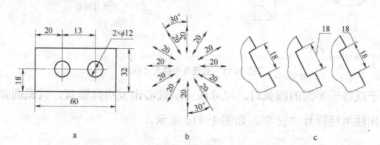

图1-9 直线尺寸标注1

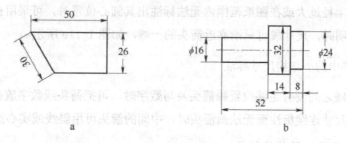

图1-10 直线尺寸标注2

在一张图样中，应尽量采用同一种注法。直线尺寸的尺寸线必须与所标注的线段平行。当在光滑过渡处标注尺寸时，必须用细实线将轮廓线延长，从它们的交点处引出尺寸界线。

（2）直径与半径尺寸标注

标注整圆或大于半圆的圆弧时，尺寸线应通过圆心且为非水平方向或垂直方向，以圆周为尺寸界线，在尺寸数字前加注直径符号"ϕ"，如图1-11a所示。回转体的非圆视图上也可以加注直径尺寸，且在数字前加注符号"ϕ"，如图1-11b所示。

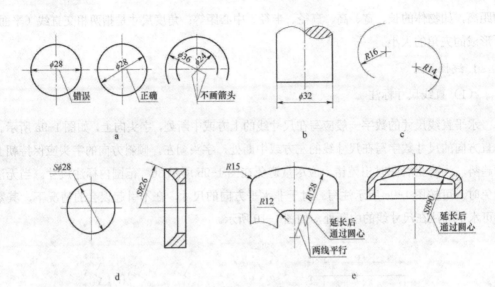

图 1-11　直径与半径尺寸标注

标注小于或等于半圆的圆弧时，尺寸线应从圆心出发引向圆弧，只画圆弧端的箭头，尺寸数值前加注半径符号" R "，如图 1-11c 所示。

标注球的直径或半径时，应在符号" φ "或" R "前加注符号" S "，如图 1-11d 所示。当圆弧的半径过大或在图纸范围内无法标注出其圆心位置时，可采用折线形式。若圆心位置无须注明时，尺寸线可只画靠近箭头的一端，如图 1-11e 所示。

（3）图样中的小结构尺寸标注

当尺寸界线之间没有足够位置画箭头及写数字时，可把箭头或数字放在尺寸界线的外侧。有几个小尺寸连续标注而无法画箭头时，中间的箭头可用斜线或实心圆点代替。

2. 角度、弦长、弧长的标注

标注角度的尺寸界线应径向引出，尺寸线是以该角顶点为圆心的圆弧，角度数字一律水平书写，一般应注写在尺寸线的中断处，必要时可写在尺寸线的上方或外边，也可引出标注，如图 1-12a 所示。标注弦长或弧长的尺寸界线应平行于该弦的垂直平分线。当弧度较大时，可沿径向引出，如图 1-12b 所示。

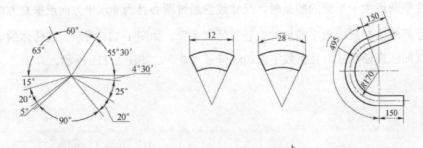

图 1-12　角度、弦长、弧长的标注

3.其他标注

（1）相同要素的标注。在同一图形中,相同结构的孔、槽等可只标注出一个结构的尺寸,并标出数量。相同要素均布时,可标注出均布符号"EQS",明显时可省略。

（2）对称机件的图形只画一半或略大于一半时,垂直于对称中心线的尺寸线应略超过对称中心线或断裂处的边界线,此时仅在尺寸线的一端画出箭头。

（3）利用符号标注尺寸。在 GB/T 16675.2—2012 中规定的常用符号和缩写词,在标注尺寸时尽可能使用。

（4）简化标注。在不引起误解的情况下,GB/T 16675.2—2012 中规定,可以用简化形式标注尺寸。

二、几何制图

机件的形状虽各有不同,但都是由各种基本的几何图形所组成。因此,绘制机械图样应当首先掌握常见几何图形的作图原理、作图方法,以及图形与尺寸间相互依存的关系。

（一）直线等分

试将直线等分,如图1-13所示。

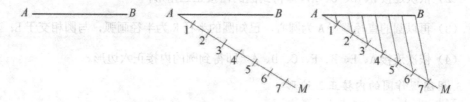

图 1-13　直线等分

（二）圆的等分及作正多边形

1.用三角板作正三角形和正六边形

（1）用三角板配合作正三角形,如图1-14所示。

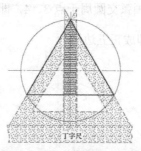

图 1-14　三角板配合作正三角形

（2）用三角板配合作正六边形,如图1-15所示。

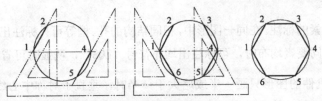

图 1-15 三角板配合作正六边形

2. 用圆规作圆的内接正三角形、正六边形

用圆规作圆的内接正三角形和正六边形，如图 1-16 所示。

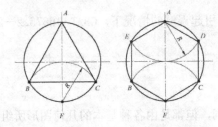

图 1-16 圆规作圆的内接正三角形和正六边形

作图步骤如下：

（1）以圆的直径 AF 的端点 F 为圆心，已知圆的半径 R 为半径画弧，与圆相交于 B、C；

（2）依次连接 A、B、C、A，即得到圆的内接正三角形；

（3）再以圆的直径端点 A 为圆心，已知圆的半径 R 为半径画弧，与圆相交于 E；

（4）依次连接 A、E、B、F、C、D、A，即得到圆的内接正六边形。

3. 用圆规作圆的内接正五边形

用圆规作圆的内接正五边形。

圆规作圆的内接正五边形如图 1-17 所示，作图步骤如下：

（1）作 CM 的垂直平分线交 *OA* 于点 R，以 F 为圆心、P1 为半径画弧交 OB 于点 H。

（2）1H 即为五边形的边长，以点 1 为圆心，1H 为半径画弧交圆周于点 2、5；再分别以点 2、5 为圆心，1H 为半径画弧交圆周于点 3、4，即得五等分点 1、2、3、4、5。

（3）连接圆周各等分点，即成正五边形。

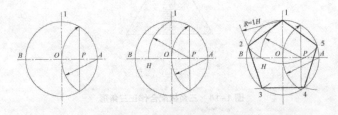

图 1-17 圆规作圆的内接正五边形

（三）圆弧连接

用线段（圆弧或直线段）光滑连接两已知线段（圆弧或直线段）称为圆弧连接。该线段称为连接线段。光滑连接就是平面几何中的相切。

圆弧连接可以用圆弧连接两条已知直线、两已知圆弧或一直线一圆弧，也可用直线连接两圆弧。

1. 圆与直线相切作图原理

（1）连接弧的圆心轨迹是已知直线的平行线，两平行线之间的距离等于连接弧半径R。

（2）由圆心向已知直线作垂线，垂足即为切点，如图1-18所示。

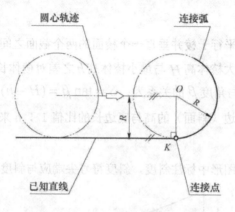

图1-18　圆与直线相切

2. 圆与圆相切作图原理

（1）圆与圆外切

①连接弧的圆心轨迹是已知圆弧的同心圆，同心圆的半径等于两圆弧半径之和（$R_1 + R$）。

②两圆心的连线与已知圆弧的交点即为切点，如图1-19所示。

图1-19　圆与圆外切

（2）圆与圆内切

①连接弧的圆心轨迹是已知圆弧的同心圆，同心圆的半径等于两圆弧半径之差（$R_1 - R$）。

②两圆心连线的延长线与已知圆弧的交点即为切点，如图1-20所示。

图1-20　圆与圆内切

（四）斜度与锥度

1.斜度

斜度是棱体高之差与平行于棱并垂直一个棱面的两个截面之间的距离之比。斜度用代号"S"表示，它等于最大棱体高H与最小棱体高h之差对棱体长度l之比，关系式为：$S=(H-h)/l$，斜度S与角度β的关系为：$S=\tan\beta=(H-h)/l$。

斜度的大小通常以斜边（斜面）的高与底边长的比值1：n来表示，并加注斜度符号"∠"，如图1-21所示。

斜度画好以后，应在图形中标注斜度，斜度符号尖端应与斜度倾斜方向一致。

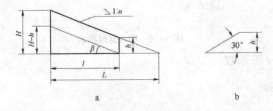

图1-21　斜度及斜度符号　a.斜度定义；b.斜度符号

2.锥度

正圆锥的锥度是底圆直径与锥高之比，即$D：L$；而正圆台的锥度是两端底圆直径之差与两底圆间距离之比，即（$D-d$）：l。标注时应加注锥度的图形符号，如图1-22所示。

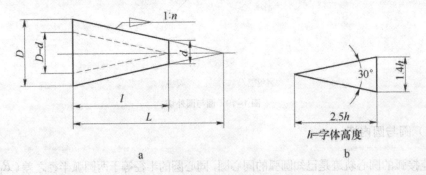

图1-22　锥度 a.锥度定义；b.锥度符号

（五）椭圆画法

1. 辅助同心圆法

已知椭圆长轴和短轴，画出椭圆。

作图步骤如下：

（1）以椭圆中心为圆心，分别以长轴、短轴长度为直径，作两个同心圆，如图 1-23 所示；

（2）作圆的十二等分，过圆心作放射线，分别求出与两圆的交点；

（3）过大圆上的等分点作长轴的垂线，过小圆上的等分点作短轴的垂线，垂线的交点即为椭圆上的点；

（4）用曲线光滑连接各点即得椭圆，如图 1-24 所示。

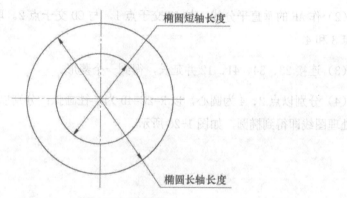

图 1-23　画同心圆

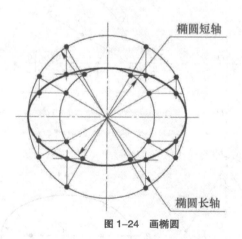

图 1-24　画椭圆

2. 四心近似画法

如图 1-25 所示，已知椭圆的长轴 AB 和短轴 CD，用四心近似画法画椭圆。

作图步骤如下：

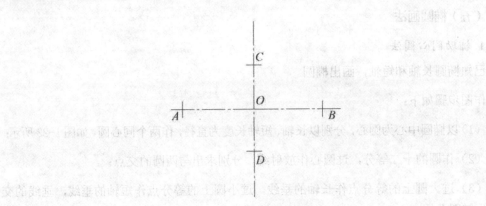

图 1-25 椭圆长轴和短轴

（1）连 AC，以 O 为圆心、OA 为半径画弧得点 E，再以 C 点为圆心、CE 为半径画弧得点 F。

（2）作 AF 的垂直平分线，与 AB 交于点 1，与 CD 交于点 2。取 1、2 两点关于点 O 的对称点 3 和 4。

（3）连接 23、34、41、12 并延长，得到一个菱形。

（4）分别以点 2、4 为圆心，以 R=2C=4D 为半径画弧；分别以点为半径画弧，连接各弧并处理图线即得到椭圆，如图 1-26 所示。

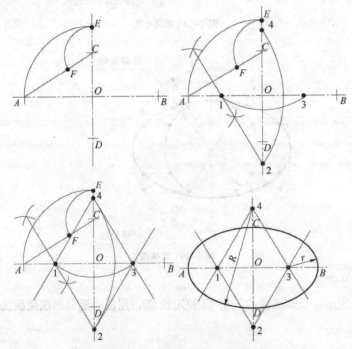

图 1-26 四心近似画法画椭圆的作图步骤

第三节　平面图形分析及作图方法

一般平面图形都是由若干线段（直线或曲线）连接而成的。要正确绘制一个平面图形，首先必须对平面图形进行尺寸分析和线段分析，弄清哪些线段的尺寸齐全可以直接作出，哪些尺寸不全，须通过作图才能画出。

一、平面图形的尺寸分析

尺寸按其在平面图形中所起的作用，可以分为定形尺寸和定位尺寸两类。要想确定平面图形中线段的相对位置，必须引入尺寸基准的概念。

（一）尺寸基准

尺寸基准就是标注尺寸的起点。对于二维图形，需要两个方向的基准，即水平方向和垂直方向。一般平面图形中常选用的基准有对称图形的对称线、较大圆的中心线、主要轮廓线等。如图 1-27 所示的手柄是以水平的对称中心线和 R15 的左端面分别作竖直方向和水平方向的基准线的。

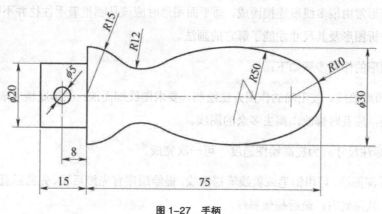

图 1-27　手柄

（二）定形尺寸

定形尺寸是确定平面图形中各组成部分形状大小的尺寸，如直线长度、角度的大小以及圆弧的直径或半径等。图 1-27 中的尺寸 $\phi20$、R15、R12、R50 等均是定形尺寸。

（三）定位尺寸

定位尺寸是确定平面图形中各组成部分相对位置的尺寸。图 1-27 中的尺寸 8、75、$\phi30$ 均为定位尺寸。

二、平面图形的线段分析

平面图形的线段根据所给的定形尺寸和定位尺寸是否齐全，可以分为三类。

（一）已知线段

定形尺寸和定位尺寸齐全，可直接画出的线段称为已知线段。图 1-27 中的 ϕ 20、R15 及 R10 的圆弧便是已知线段。

（二）中间线段

已知定形尺寸，定位尺寸不全的线段称为中间线段。这种线段须画出与其一端连接的线段后，才能确定其位置，图 1-27 中的 R50 的圆弧便是中间线段。

（三）连接线段

只有定形尺寸而无定位尺寸的线段称为连接线段。这种线段只能在其他线段画出后根据两线段相切的几何条件画出，图 1-27 中的 R12 的圆弧便是连接线段。

三、平面图形的画图步骤

平面图形常由很多线段连接而成，画平面图形时应该从哪里着手往往并不明确，因此，需要通过分析图形及其尺寸才能了解它的画法。

平面图形的作图步骤如下：

（1）画底稿线。按正确的作图方法绘制，要求图线细而淡；图形底稿完成后应检查，如发现错误，应及时修改，擦去多余的图线。

（2）标注尺寸。为提高绘图速度，可一次完成。

（3）描深图线。可用铅笔或墨线笔描深线，描绘顺序宜先细后粗、先曲后直、先横后竖、从上到下、从左到右，最后描倾斜线。

（4）填写标题栏及其他说明。文字应该按相关标准的要求写。

（5）修饰并校正全图。

第四节　常用绘图工具的使用方法

绘制图样按使用工具的不同，可分为仪器绘图、徒手绘图和计算机绘图。仪器绘图是借助图板、丁字尺、三角板、绘图仪器等进行手工绘图的一种绘图方法。虽然目前技术图样大多已使用计算机绘制，但仪器绘图既是工程技术人员的必备基本技能，也是学习和巩固图学理论知识不可缺少的方法，学生必须熟练掌握。

一、图板、丁字尺和三角板

图板是室内设计制图中最基本的工具之一，一般为硬度适中、干燥平坦的矩形木板。图板的两端为硬直木，以防图板弯曲，并利于导边。图板的短边称为工作边，而面板称为工作面，图板左侧为丁字尺的导边。丁字尺由尺头和尺身构成，尺身的上边为工作边，主要用来画水平线。使用丁字尺时，尺头内侧必须靠紧图板的导边，用左手推动丁字尺上下移动，沿尺身的上边自左向右画出一系列水平线。

三角板由 45°和 30°（60°）组成一副。三角板与丁字尺配合使用时，可画垂直线，也可画 30°、45°、60°、75°的斜线。

如将两块三角板配合使用，还可以画出任意方向已知直线的平行线和垂直线，如图 1-28 所示。

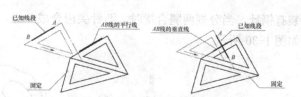

图 1-28　用三角板作任意方向已知直线的平行线和垂直线

二、圆规和分规

（一）圆规

圆规是绘图仪器中的主要件，用来画圆及圆弧。圆规的使用方法如图 1-29 所示：

（1）先调整针尖和铅芯插腿的长度，使针尖略长于铅芯，如图 1-29a 所示；

（2）取好半径，以右手握住圆规头部，左手食指协助将针尖对准圆心，如图 1-29b 所示；

（3）匀速顺时针转动圆规画圆，如图 1-29c 所示；

（4）如所画圆较小，可将铅芯插腿及钢针向内倾斜，如图 1-29d 所示；

（5）若所画圆较大，可加装延伸杆，如图 1-29e 所示。

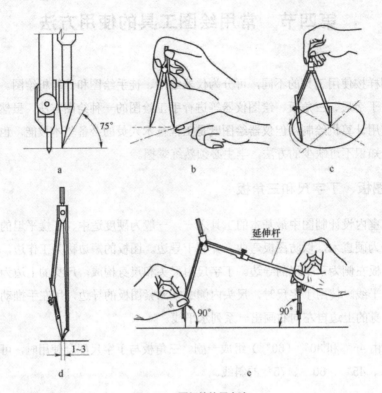

图 1-29 圆规的使用方法

（二）分规

分规的两腿均装有钢针，当分规两腿合拢时，两针尖应合成一点，分规主要用于量取尺寸和等分线段，如图 1-30 所示。

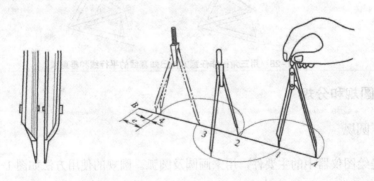

图 1-30 分规

分规的用途如图 1-31 所示：

（1）用分规量取线段，如图 1-31a 所示；

（2）用分规等分线段，如图 1-31b 所示。

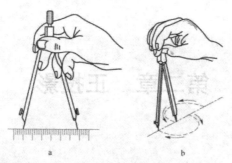

图1-31　分规的用途

三、铅笔

绘图铅笔的铅芯有软硬之分，绘图铅笔一端的字母和数字表示铅芯的软硬程度，用代号H、B和HB等来表示。

（1）H（Hard）表示硬的铅芯，有H、2H等，数字越大铅芯越硬。通常用H或2H的铅笔打底稿和加深细线。

（2）B（Black）一般理解为软（黑）的铅芯，有B、2B等，数字越大表示铅芯越软，通常用B或2B的铅笔描深粗实线。

（3）HB表示铅芯软硬适中，多用于写字。

思考题

1. 图框格式有哪几种，其周边尺寸a、c、e各应如何选取？

2. 什么是比例？可分为几种类型？

3. 在图样中书写的字体，必须做到哪些要求？字体高度有几种？

4. 简述圆规和分规的用途与使用方法。

5. 利用三角板和圆规作任意正多边形。

第二章　正投影

单元导读：

物体在阳光或灯光等光线的照射下，就会在墙面或地面上投下影子，投影法就是将这一现象进行科学的抽象。本章主要内容有投影基础，尺寸标注，点、线、面的投影。

单元目标：

1. 培养观察力，初步建立空间立体感，为提高空间思维能力打基础。

2. 掌握点的投影规律及各种位置直线、平面的投影特性，能根据直线、平面的投影图判断直线、平面的空间位置，能够解决一些基本的图解几何问题。

第一节　投影基础

一、投影的类型

投影线通过物体向所选定的平面投影，并在该平面上得到图形的方法即为投影法。其中，光源称为投射中心，光线称为投射线，墙面或地面称为投影面，影子称为物体的投影。投影法分为中心投影法和平行投影法两种。

（一）中心投影法

投影线汇交于一点的投影法称为中心投影法。如图 2-1a 所示，三条投射线 SA、SB、SC 汇交于一点投射中心 S。日常生活中，照相、电影和人眼看东西得到的影像，都属于中心投影。用中心投影法绘制的图形符合人们的视觉习惯，立体感强，常用来绘制建筑物的透视图。

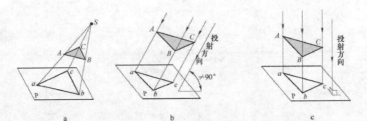

图 2-1　投影法类型图　a.中心投影；b.斜投影；c.正投影

（二）平行投影法

投射线相互平行的投影法称为平行投影法，即将投射中心 S 移到无穷远处，使所有的投射线都相互平行。按投影线与投影面是否垂直，平行投影法又可分为斜投影法（图2-1b）和正投影法（图2-1c）。

1. 斜投影法

指投射线倾斜于投影面的投影法。

2. 正投影法

指投射线垂直于投影面的投影法。

由于正投影能准确地反映物体真实的形状和大小，便于测量，且作图简便，所以机械图样通常采用正投影法绘制。本书后文若无特别说明，投影均指正投影。

二、正投影的基本特性

正投影的基本特性如图 2-2 所示，具体如下：

（一）真实性

当直线、曲线或平面平行于投影面时，直线或曲线的投影反映实长，平面的投影反映真实形状，这种投影特性称为真实性。

（二）积聚性

当直线或平面、曲面垂直于投影面时，直线的投影积聚成一点，平面或曲面的投影积聚成直线或曲线，这种投影特性称为积聚性。

（三）类似性

当直线、曲线或平面倾斜于投影面时，直线或曲线的投影仍为直线或曲线，但小于实长。平面图形的投影小于真实图形的大小，且与真实图形类似。这种原形与投影不相等也不相似，但两者边数、凹凸、曲直及平行关系不变的性质称为类似性。

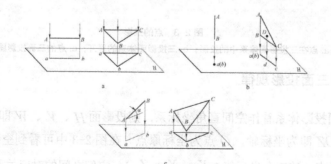

图 2-2　正投影的基本特性　a.真实性；b.积聚性；c.类似性

第二节　点的投影

　　任何物体都是由点、线、面等几何元素构成的，只有学习和掌握了几何元素的投影规律和特征，才能透彻理解机械图样所表示的物体的具体结构形状。

一、点的投影及其标记

　　点的投影永远是点，当投影面和投射方向确定时，空间上任一点的投影是唯一确定的。如图 2-3a 所示，假设空间有一点 A，过点 A 分别向 H 面、T 面和 W 面作垂线，得到三个垂足 a、a' 和 a''，即为点 A 在三个投影面上的投影。

　　空间的点用大写字母表示，它在 H 面、T 面和 W 面三个面的投影用小写字母（比如 a、a' 和 a''）表示。

　　根据三面投影图的形成规律将其展开，去掉投影面的边框线，就得到如图 2-3c 所示的空间点 A 的三面投影图。

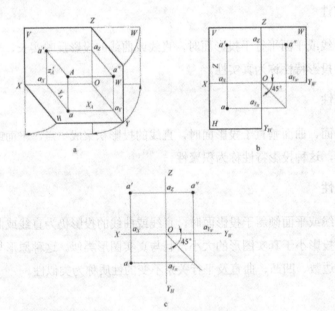

图 2-3　点的投影

a. 点在三投影面体系中的投影；b. 三投影面体系的展开；c. 点的三面投影图

二、点的三面投影规律

　　如果把三面投影体系看作空间直角坐标系，则投影面 H、V、W 即为坐标面，投影轴 OX、OY，OZ 即为坐标轴，O 点为坐标原点。在图 2-3 中可看到空间点 A 到三个投影面的距离就是点 A 的三个坐标值（X_A，Y_A，Z_A）。它们之间的对应关系可以表示如下：

点 A 到 W 面的距离：$Aa'' = aa_Y = a'a_Z = a_xO =$ 点 A 的 X 轴坐标值 X_A；

点 A 到 V 面的距离：$Aa' = aa_X = a''a_Z = a_YO =$ 点 A 的 Y 轴坐标值 Y_A；

点 A 到 H 面的距离：$Aa = a'a_X = a''a_Y = a_ZO =$ 点 A 的 Z 轴坐标值 Z_A。

点 A 的空间位置由其坐标（X_A，Y_A，Z_A）确定。点 A 的三面投影的坐标分别为：水平投影 a（X_A，Y_A，0）、正面投影 a'（X_A，0，Z_A）、侧面投影 a''（0，Y_A，Z_A）。

因此，若已知空间一点的三个坐标，就可作出该点的三面投影；若已知空间一点的两面投影，也就等于已知该点的三个坐标，即可求出该点的第三面投影。

从图中还可以看出 $a'a \perp OX$、$a'a'' \perp OZ$、$aa_{Y_H} \perp OY_H$、$a''a_{Y_W} \perp OY_W$，说明点的三个投影不是孤立的，而是彼此之间有一定的位置关系，而这个关系不因空间点的位置改变而改变，因此点的投影规律可概括为：

第一，点的投影到投影轴的距离等于空间点到相应投影面的距离；

第二，点的两面投影的连线垂直于相应的投影轴。

根据上述点的投影与其空间位置的关系，若已知点的空间位置，就可以画出点的投影；若已知点的两个投影，就可以完全确定点在空间的位置。

为了保持点的三面投影之间的关系，作图时应使 $aa' \perp OX$、$a'a'' \perp OZ$。而 $aa_X = a''a_Z$，可以图 2-4a 中的点 O 为圆心、以 aa_X 或 $a''a_Z$ 为半径作圆弧，或用图 2-4b 所示的过点 O 与水平轴成 45° 的辅助线来实现。

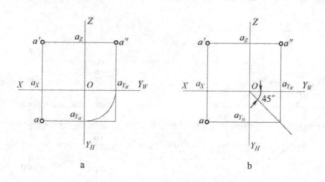

图 2-4 点在三投影面体系中的投影规律

三、空间两点的相对位置

空间两点的相对位置，分别有上下、左右、前后的关系。这种位置关系在投影图中，要由它们的同面投影的坐标大小来判别，两点的左、右位置由 X 坐标判别，前后位置由 Y 坐标判别，上下位置由 Z 坐标判别，两点的坐标值中较大的则为左或前或上。

如图 2-5a 所示，空间有两个 $A(X_A, \ Y_A, \ Z_A)$、$B(X_B, Y_B, Z_B)$。由 V 面投影知 $X_A > X_B$，则说明 A 点在 B 点的左边；由 H 面投影知 $Y_A > Y_B$，则说明 A 点在 B 点的前边；由 W 面投影知 $Z_A > Z_B$，则说明 A 点在 B 点的上边。从图 2-5b 看出，三个坐标差可以准确地反映在两点的投影图中。

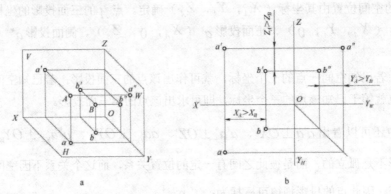

图 2-5　两点的相对位置

四、重影点

当空间两点的某两对坐标相同时，它们将处于某一投影面的同一条投射线上，这两点在该投影面上的投影重合，则称这两点为对该投影面的重影点。如图 2-6a 所示，A、B 两点位于 V 面的同一条投射线上，它们的正面投影 a'、b' 重合，称 A、B 两点为对 V 面的重影点，这两点的 X、Z 坐标分别相等，Y 坐标不等。同理，C、D 两点位于 H 面的同一条投射线上，它们的水平投影 c、d 重合，称 C、D 两点为对 H 面的重影点，它们的 X、Y 坐标分别相等，Z 坐标不等。

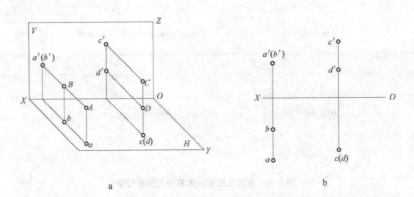

图 2-6　重影点

由于重影点有一对坐标不相等，所以，在重影的投影中，坐标值大的点的投影会遮住坐标值小的点的投影，即坐标值大的点的投影可见，坐标值小的点的投影不可见。对于不可见的点，其投影的字母加括号表示，如图 2-6b 中的 b' 点和 d 点所示。

第三节 直线的投影

两点确定一条直线，所以，空间任一直线的投影可由直线上两点的同面投影来确定。图2-7所示的直线求作它的三面投影图时，可分别作出 A、B 两端点的投影（a、a'、a''）、（b、b'、b''），然后将其同面投影连接起来，即得直线 AB 的三面投影图（ab、$a'b'$、$a''b''$）。

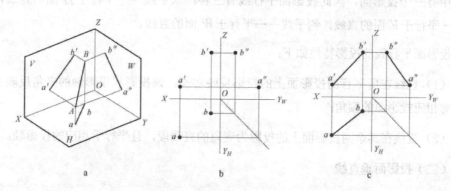

图 2-7 直线的投影

一、直线对于一个投影面的投影特性

空间直线相对于一个投影面的位置有平行、垂直、倾斜三种，三种位置的直线有不同的投影特性。

（一）真实性

当直线与投影面平行时，则投影反映实长，$ab = AB$，如图 2-8a 所示。

（二）积聚性

当直线与投影面垂直时，则投影积聚成一点，如图 2-8b 所示。

（三）类似性

当直线与投影面倾斜时，则投影缩短，$ab = AB\cos\theta$，如图 2-8c 所示。

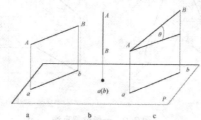

图 2-8 直线的投影
a. 直线 AB 平行于平面 P；b. 直线 AB 垂直于平面 P；c. 直线 AB 倾斜于平面 P

二、各种位置直线的投影特性

根据直线在三投影面体系中的位置，直线可分为投影面倾斜线、投影面平行线、投影面垂直线三类。前一类直线称为一般位置直线，后两类直线称为特殊位置直线。

（一）投影面平行线

平行于一个投影面、倾斜于另外两个投影面的直线，称为投影面平行线。在三投影面体系中有三个投影面，因此投影面平行线有三种：水平线——平行于 H 面的直线，正平线——平行于 V 面的直线，侧平线——平行于 W 面的直线。

投影面平行线的投影特性如下：

（1）直线在所平行的投影面上的投影反映实长，该投影和投影轴的夹角反映了空间直线对相应投影面的倾角；

（2）直线在其余两投影面上的投影为变短的直线段，且平行于相应的投影轴。

（二）投影面垂直线

垂直于一个投影面、平行于另外两个投影面的直线，称为投影面垂直线。在三投影面体系中有三个投影面，因此投影面垂直线有三种：铅垂线——垂直于 H 面的直线，正垂线——垂直于 V 面的直线，侧垂线——垂直于 W 面的直线。

投影面垂直线的投影特性如下：

（1）直线在所垂直的投影面上的投影积聚为一点；

（2）直线在其余两投影面上的投影均反映实长，且垂直于相应的投影轴。

（三）一般位置直线

对三个投影面都倾斜的直线，称为一般位置直线。如图 2-9a 所示，直线 AB 相对 H 面、V 面和 W 面均处于既不垂直又不平行的位置，则称 AB 为一般位置直线。

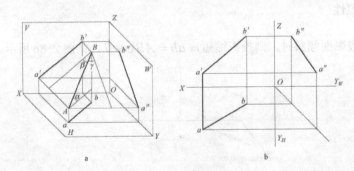

图 2-9 一般位置直线
a. 立体图；b. 投影图

由于一般位置直线对三个投影面的倾角 α、β、γ 既不等于0°，也不等于90°，因此，各投影的长度都小于实长。由此可得出，一般位置直线的投影特性为：

（1）三个投影都倾斜于投影轴，且投影长度小于实长；

（2）直线的投影与投影轴间的夹角，不反映空间直线对投影面的倾角。

三、直线上点的投影

直线上点的投影特性有从属性和定比性两个特点。

（一）从属性

若点在直线上，则点的投影必在该直线的各同面投影上。如图2-10所示，点 K 在直线 AB 上，则有 $k \in ab$，$k' \in a'b'$。

（二）定比性

若直线上的点把直线段分为两段，则两段的长度之比等于各投影点分直线投影的长度之比。如图2-10所示，点 K 分直线 AB 为 AK 和 KB 两段，则有 $AK : KB = ak : kb = a'k' : k'b'$。$AK : KB = ak : kb = a'k' : k'b'$

从属性和定比性是点在直线上的充分必要条件，可以用于判断点是否在直线上，一般只要看两组同面投影即可判断。

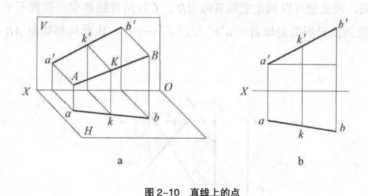

图2-10　直线上的点

（三）空间两直线的相对位置

空间两直线的相对位置有平行、相交和交叉三种情况。

1. 平行

若空间两直线互相平行，则其同面投影都平行，且两直线长度之比等于它们的各同面投影长度之比。如图2-11a所示，因为 $AB // CD$，则投影 $ab // cd$、$a'b' // c'd'$，$ab : cd = a'b' : c'd'$。

如果欲从投影图上判定两条直线是否平行，对于一般位置直线和投影面垂直线，只要看它们的任意两个同面投影是否平行即可。例如，图 2-11b 中，因为投影 $ab//cd$、$a'b'//c'd'$，则空间直线 $AB//CD$。对于投影面平行线，若已知两对不平行的投影，则可以利用以下两种方法判断：

（1）判断两直线投影长度之比是否相等、端点字母顺序是否相同，若两个条件均满足则两直线平行；

（2）求出两直线所平行的投影面上的投影，判断是否平行，若平行则两直线平行。

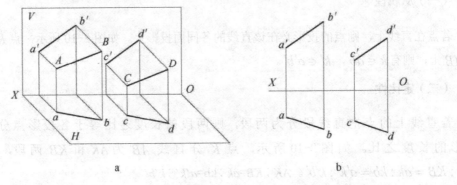

图 2-11　两平行直线

如图 2-12 所示，投影 $a'b'//c'd'$、$ab//cd$，但由于字母顺序 a'、b'、d'、c' 与 a、b、c、d 不同，因此便可以判定空间直线 AB、CD 两直线的空间位置不平行。当然，也可以从它们的侧面投影清楚地看出 $a''b''$ 与 $c''d''$ 不平行，由此同样得出 AB 与 CD 不平行的结论。

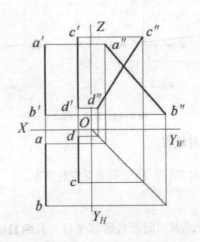

图 2-12　判断两直线是否平行

2. 相交

若空间两直线相交，则它们的各个同面投影也分别相交，且交点的投影符合点的投影规律；若两直线的各个同面投影分别相交，且交点的投影符合点的投影规律，则两直线在空间必相交。如图 2-13a 所示，两直线 AB、CD 交于 K 点，则其水平投影 ab 与 cd 交于 k 点，正面投影 $a'b'$ 与 $c'd'$ 交于 k'，kk' 垂直于 OX 轴。

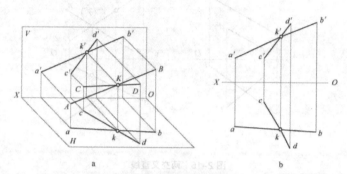

图 2-13　两相交直线

如果想从投影图上判定两条直线是否相交，对于一般位置直线和投影面垂直线，只要看它们的任意两个同面投影是否相交，且交点的投影是否符合点的投影规律即可。例如，图 2-14b 中，因为 ab 与 cd 交于点 k，$a'b'$ 与 $c'd'$ 交于点 k'，且 $kk' \perp OX$，则空间直线 AB 与 CD 相交。当两直线中有一条为投影面平行线，且已知该直线两个不平行的投影时，则可以利用定比关系或求第三投影的方法判断。如图 2-14a 所示，点 K 在直线 AB 上，但是，由于 $ck : kd = c'k' : k'd'$，点 K 不在直线 CD 上，所以，点 K 不是两直线 AB 与 CD 的共有点，即 AB 与 CD 不相交。图 2-14b 中求出了侧面投影，从图中可以看出，虽然两直线如与 CD 的三个投影都分别相交，但是，三个投影的交点不符合点的投影规律，因此直线 AB 与 CD 不相交。

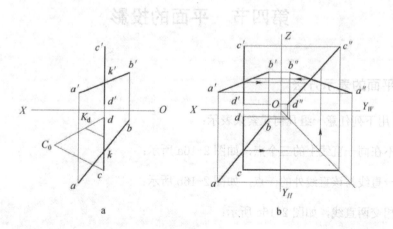

图 2-14　两不相交直线

3. 交叉

在空间既不平行又不相交的两直线称为交叉直线或异面直线。因此，它们的投影在投影图上，既不符合两直线平行的投影特性，也不符合两直线相交的投影特性。

如图2-15a所示，$a'b'//c'd'$，但是ab不平行于cd，因此，直线AB、CD是交叉直线。

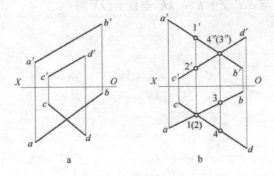

图 2-15　两交叉直线

如图2-15b所示，虽然投影ab与cd相交，$a'b'$与$c'd'$相交，但它们的交点不符合点的投影规律，因此，直线AB、CD是交叉直线。ab与cd的交点是直线AB和CD上的点1和点2对H面的重影点，$a'b'$与$c'd'$的交点是直线AB和CD上的点3和点4对V面的重影点。

两交叉直线可能有一对或两对同面投影互相平行，但绝不会三对同面投影都平行；两交叉直线可能有一对、两对甚至三对同面投影相交，但是同面投影的交点绝不符合点的投影规律。

第四节　平面的投影

一、平面的表示方法

平面可用下列任意一组几何元素来表示：

（1）不在同一直线上的三个点，如图2-16a所示；

（2）一直线与该直线外的一点，如图2-16b所示；

（3）相交两直线，如图2-16c所示；

（4）平行两直线，如图2-16d所示；

（5）任意平面图形（三角形、圆等），如图 2-16e 所示。

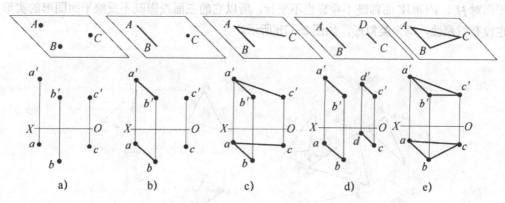

图 2-16　用几何元素表示平面

二、各种位置平面的投影

（一）投影面平行面

平行于一个投影面、垂直于另外两个投影面的平面，称为投影面平行面。投影面平行面有三种，即水平面（平行于 H 面，并垂直于 V、W 面的平面）、正平面（平行于 V 面，并垂直于 H、W 面的平面）、侧平面（平行于 W 面，并垂直于 V、H 面的平面）。

投影面平行面的投影特性如下：

（1）平面在所平行的投影面上的投影，反映空间平面的实形；

（2）平面在其余两投影面上的投影均积聚成直线段，且平行于相应的投影轴。

（二）投影面垂直面

垂直于一个投影面、倾斜于另外两个投影面的平面，称为投影面垂直面。投影面垂直面有三种，即铅垂面（垂直于 H 面，并与 V、W 面倾斜的平面）、正垂面（垂直于 V 面，并与 H、W 面倾斜的平面）、侧垂面（垂直于 W 面，并与 V、H 面倾斜的平面）。

投影面垂直面的投影特性如下：

（1）平面在所垂直的投影面上的投影积聚为一直线段，该投影与投影轴的夹角反映了平面对相应投影面的倾角；

（2）平面在其余两投影面上的投影均为小于平面实形的类似形。

（三）一般位置平面

与三个投影面都倾斜的平面，称为一般位置平面，如图 2-17a 所示，△ABC 平面与 H、V 和 W 面都倾斜，则△ABC 平面为一般位置平面。平面与投影面的夹角称为平面对投影面的倾角，平面对 H、V 和 W 面的倾角分别用 α、β 和 γ 表示。由于一般位置平面对 H、V 和 W 面都既不垂直也不平行，所以它的三面投影既不反映平面图形的实形，也没有积聚性，均为类似形，如图 2-17b 所示。

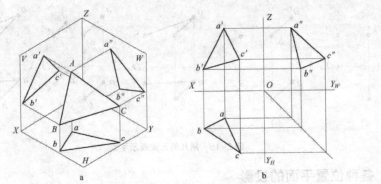

图 2-17　一般位置平面

思考题

1. 如图 2-18 所示，请把水平线 ab 变换成新投影面的正垂线。

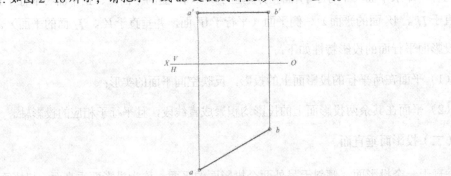

图 2-18　将水平线 ab 变换成正垂线

2. 求图 2-19 中属于平面△ abc 上的正平线。

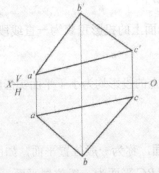

图 2-19　求属于平面△ abc 上的正平线

3.如图 2-20 所示，平面 $P\perp H$ 面，$AK\perp P$ 面，即当直线 AK 垂直于某一投影面 H 的垂直面 P 时：

（1）这条直线 AK 与该投影面 H 处于什么位置？

（2）在该投影面 H 上直线与平面的投影有什么特点？请画出投影图。

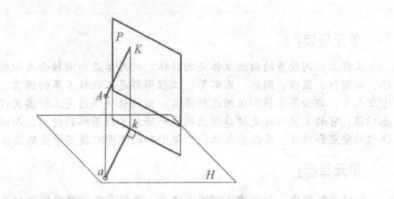

图 2-20　直线与投影面的垂直面垂直

第三章　曲面基本体的三视图和轴测图

单元导读：

工程上应用最多的曲面立体是回转体。回转体是由回转面或回转面与平面包围成的立体，如圆柱、圆锥、圆球、圆环等。工程图样是工程技术界的语言，凡是从事工程技术的专业人员，都必须掌握和运用这种语言，因此机械制图是工科类院校学生必修的一门专业基础课，它的主要目标是培养学生阅读和绘制工程图样的能力，而画、读组合体视图是本课程的重点和难点。曲面基本体的三视图和轴测图可提高学生的立体识图能力。

单元目标：

1. 培养观察力，初步建立空间立体感，为提高空间思维能力打基础。
2. 能够绘制回转体的三视图和轴测图，并能够在立体表面上取点、取线。

第一节　曲面基本体的三视图

回转面是由母线（直线或曲线）绕着固定的轴线（直线）旋转一周形成的。母线在回转面上的任意位置称为素线。母线上任意一点绕轴旋转一周，形成回转面上垂直于轴线的纬圆。

画回转体的三面投影图时，首先要用细点画线画出轴线和圆的中心线的投影，然后画出组成立体的回转面的轮廓及平面的投影。由于回转面是光滑曲面，画回转面轮廓的投影图时，仅画曲面上可见面和不可见面的分界线的投影，这种分界线称为转向轮廓素线。

一、圆柱

（一）圆柱的形成

圆柱由圆柱面和上、下底面组成，如图 3-1（a）所示。圆柱面可以看成是直线 AA_1 绕与它平行的固定轴线 OO_1 旋转而成的。直线 AA_1 是母线，OO_1 是轴线，母线 AA_1 在圆柱面上任一位置是素线，圆柱面上所有的素线都平行于轴线。圆柱面可以看成是直线的集合。

圆柱面也可以看成是一个圆沿与圆平面垂直的方向移动一段距离而成的，因此，圆柱面也是直径相等的圆的集合。

（二）圆柱的三视图

1. 分析

如图 3-1（b）所示，当圆柱轴线为铅垂线时，圆柱上、下底面是水平面。圆柱的俯视图是一个圆，该圆反映圆柱上、下底面的实形，也是圆柱面的积聚投影，圆柱面上任何一点、线的投影都积聚在该圆上。圆柱的主视图为一个矩形，其上、下两水平线为圆柱的上、下底面的积聚性投影，其左、右两条竖线是圆柱面上最左、最右素线（前、后两半圆柱的分界线）的投影，也就是圆柱正面投影的转向轮廓素线的投影。圆柱的左视图也是一个矩形，其上、下两水平线为圆柱的上、下底面的积聚性投影，其前、后两条竖线是圆柱面上最前、最后素线（左、右两半圆柱的分界线）的投影，也就是圆柱侧面投影的转向轮廓素线的投影。

2. 画法

绘制圆柱的三视图如图 3-1（c）所示，用细点画线绘制圆的中心线和轴线的投影，圆柱的水平投影是圆，圆心即为轴线的水平投影，正面投影和侧面投影分别是大小相等的矩形。

3. 可见性判别

由图 3-1（b）（c）可见，圆柱面上有四条转向轮廓素线，正面投影的转向轮廓素线 AA_1 和 BB_1 将圆柱分为前后两半，其前半圆柱面的正面投影可见，后半圆柱面的正面投影不可见；侧面投影的转向轮廓素线 CC_1 和 DD_1 将圆柱分为左右两半，左半圆柱的侧面投影可见，右半圆柱的侧面投影不可见；上底面水平投影可见，下底面水平投影不可见。

4. 转向轮廓素线投影

圆柱正面投影的转向轮廓素线 AA_1 和 BB_1 在主视图中的投影是矩形轮廓线 a' a_1' 和 b' b_1'，用粗实线绘出，在左视图中投影与轴线的投影（细点画线）重合，不画出来。圆柱侧面投影的转向轮廓素线 CC_1 和 DD_1 在左视图中投影是矩形轮廓线 c'' c_1'' 和 d'' d_1''，用粗实线绘出，在主视图中投影与轴线的投影（细点画线）重合，不画出来。四条转向轮廓素线在俯视图中的投影积聚为圆周上的四个点。

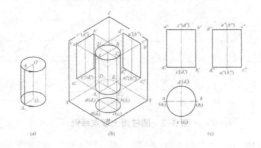

图 3-1　圆柱三视图的形成

（三）圆柱面上取点

在圆柱表面上取点与平面立体类似，应根据已知的投影和可见性，判断点在圆柱面上的位置，再求点的其余投影。

如图3-2所示，已知点 m、n、s 属于圆柱表面和各点的某一个投影，求各点的其余投影。

求解步骤如下：

（1）根据已知各点的投影位置及可见性，分析其在圆柱面上的位置。

m'' 位于左视图的轴线上并可见，则 M 点应位于圆柱的最左轮廓线上；主视图上 n' 可见，则 N 点在左前半圆柱上；左视图上 s'' 不可见，则 S 点在右后半圆柱上。

（2）位于转向轮廓素线上点的投影可利用转向轮廓素线的投影直接求解。

由分析可知，M 点是圆柱最左轮廓素线上的点，则在主视图上可直接找到最左轮廓素线的投影，由 m'' 按高平齐求 m'，再对应求 m。

（3）一般位置点的投影可利用圆柱投影的积聚性求解。

由分析可知，N 点和 S 点是处于一般位置的点。已知圆柱面在俯视图上积聚为圆，因此，N 点和 S 点的投影 n 和 s 也在该圆上。由 n' 按长对正求 n，再按宽相等和高平齐求 n''；由 s'' 按宽相等求 s，再对应求 s'。

（4）可见性判断。

由于圆柱面在俯视图上积聚为圆，因此，俯视图上 m、n、s 均可见；M 点位于圆柱的最左轮廓线上，主视图上 m' 可见；S 点在右后半圆柱上，主视图上 s' 不可见。

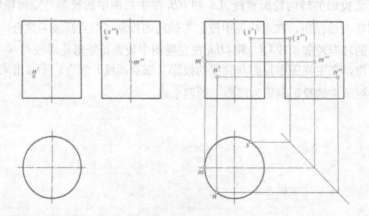

图 3-2　圆柱面上取点举例

（四）圆柱面上取线

圆柱面上只有素线是直线段，其他情况均为曲线。在圆柱面上求一条曲线的投影时，通常采用面上取点的方法。求出该条曲线的所有特殊点，并在相邻特殊点之间取一般点，判断可见性，顺序光滑连接成曲线，即为该曲线的投影。所谓特殊点，指曲线段的端点、极限位置点（最前、最后、最左、最右、最高、最低）、曲线与特殊位置素线的交点以及其他对作图有意义的点（如椭圆长短轴的端点）等。

二、圆锥

（一）圆锥的形成

圆锥由圆锥面和底面（底圆）组成，如图 3-3（a）所示。圆锥面可以看成是直线 SA（母线）绕与它相交的直线 OO_1（轴线）旋转而成的，也可以看成是由若干个直径依次变小的圆叠加而成的。因此，圆锥面是过锥顶 S 的直线的集合，也是变径圆的集合。圆锥面上过锥顶 S 的任一直线称为圆锥面的素线。

（二）圆锥的三视图

1. 分析

图 3-3（b）是圆锥的立体图，图示位置的圆锥轴线为铅垂线，圆锥底面是水平面。圆锥的俯视图是一个圆，是圆锥底面及锥面的投影，反映底面实形；主、左视图均为全等的等腰三角形，三角形的底边是圆锥底面的积聚投影，而两腰分别为圆锥面的转向轮廓素线的投影，圆锥面的三个投影均不具有积聚性。

2. 画法

绘制圆锥的三视图如图 3-3（c）所示，用细点画线绘制圆的中心线和轴线的投影，圆锥的水平投影是圆，圆心即为轴线的水平投影，正面投影和侧面投影是两个全等的等腰三角形。

3. 可见性判别

由图 3-3（b）（c）可见：圆锥面的水平投影可见，圆锥底面的水平投影不可见；圆锥面上有四条转向轮廓素线，正面投影的转向轮廓素线 SA 和 SB 将圆锥分为前、后两半，其前半圆锥面的正面投影可见，后半圆锥面的正面投影不可见；侧面投影的转向轮廓素线 SC 和 SD 将圆锥分为左右两半，左半圆锥的侧面投影可见，右半圆锥的侧面投影不可见。

4. 转向轮廓素线投影

圆锥正面投影的转向轮廓素线 SA 和 SB 在主视图中的投影是等腰三角形的两个腰 $s'a'$ 和 $s'b'$，用粗实线绘出；在左视图中的投影与轴线的投影（细点画线）重合，不画出来。圆锥侧面投影的转向轮廓素线 SC 和 SD 在左视图中的投影是等腰三角形的两个腰 $s''c$ 和 $s''d$，用粗实线绘出；在主视图中投影与轴线的投影（细点画线）重合，不画出来。四条转向轮廓素线在俯视图中的投影与圆的对称中心线（细点画线）重合，不画出来。

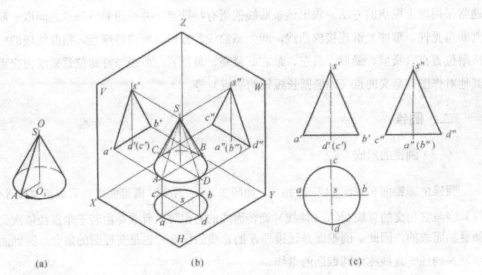

图 3-3　圆锥三视图的形成

（三）圆锥表面上取点

如图 3-4（a）所示，已知点 K、M、N 属于圆锥表面和各点的某一个投影，求各点的其余投影。求解步骤如下：

（1）根据已知投影位置和可见性，分析所求各点的位置。

由已知分析可得，K 点位于圆锥的最右轮廓线上，M 点和 N 点位于左前半圆锥面上。

（2）位于圆锥轮廓线上点的投影可利用轮廓线的投影直接求解。

由于 K 点位于圆锥的最右轮廓线上，因此可在俯视图和左视图上直接找到最右轮廓线投影，根据长对正和高平齐规律直接求出 K 点的其他两个投影 k 和 k''，如图 3-4（b）所示。

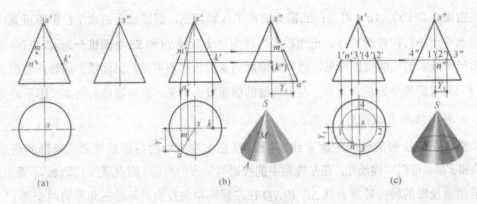

图 3-4　圆锥面上取点举例

（四）圆锥表面上取线

圆锥面上只有素线是直线段，其他情况均为曲线。在圆锥面上求一条曲线的投影时，通常采用面上取点的方法。求出该条曲线的所有特殊点，并在相邻特殊点之间取一般点，判断可见性，顺序光滑连接成曲线，即为该曲线的投影。

圆锥面上取线的投影作图方法如图 3-5 所示。

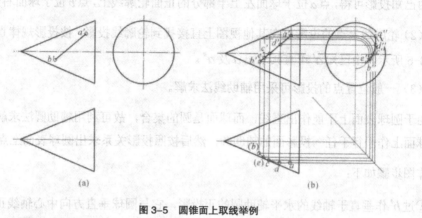

图 3-5　圆锥面上取线举例

三、圆球

（一）圆球的形成

以圆为母线，圆的任一直径为轴旋转即形成球面。由于母线圆上的任一点在旋转中都形成圆，故球是圆的集合。

（二）圆球的三视图

如图 3-6 所示，圆球的三视图均为三个等直径圆，但这三个圆不是圆球上一个圆的投影，而是圆球上三个方向转向轮廓素线（圆）的投影。

可见性判别：圆球的前半球、上半球、左半球分别在主、俯、左视图中可见，后半球、下半球、右半球分别在主、俯、左视图中不可见。

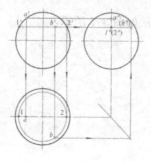

图 3-6　圆球三视图及圆球表面取点举例

（三）圆球表面上取点

如图 3-6 所示，已知球面上点 a、b 的正面投影 a'、b'，求各点的其余投影。

求解步骤如下：

（1）根据已知点的投影位置及可见性，判断点所在位置。

由已知投影可得，点 a 位于球面左上半部分的正面轮廓线上，点 b 位于球面右上半部分。

（2）轮廓线上点的投影可在其他视图上直接找到轮廓线投影，按投影规律直接求出。如图 3-6 所示，由已知 a' 可直接求出 a 及 a''。

（3）一般位置点的投影可采用辅助线法求解。

由于圆球表面上不能作出直线，而球面是圆的集合，故可利用辅助圆法求解。通过该点在球面上作平行于任一投影面的辅助圆，然后按照投影关系求出圆球表面上点的投影。

作图步骤如下：

①过 b' 作垂直于轴线的水平辅助圆的正投影，它与圆球垂直方向中心轴线正投影的交点为辅助圆圆心的正投影，它与正面轮廓线的交点为 $1'$、$2'$，$1'2'$ 间线段长度为辅助圆的直径实长。

②作过 b 点水平辅助圆的水平投影。该辅助圆的水平投影反映其实形，其圆心与两中心轴线的交点重合，直径为 $1'2'$ 的长度。

③按点的投影规律求 b 点的其他两投影 b 和 b''，如图 3-6 所示。

（4）可见性判断。

由于 b 点位于球的右上半部分，因此 b 可见 b'' 不可见。

（四）圆球表面上取线

圆球面上没有直线段，在圆球面上求一条曲线的投影时，要求出该条曲线的所有特殊点，并在相邻特殊点之间取一般点，判断可见性，顺序光滑连接成曲线，即为该曲线的投影。

圆球面上取线的投影作图方法如图 3-7 所示。

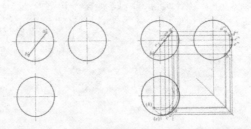

图 3-7　圆球面上取线举例

第二节 曲面基本体的轴测图

一、圆柱的正等轴测图

（一）圆的正等轴测图的画法

在画圆柱、圆锥等回转体的轴测图时，关键是解决圆的轴测投影的画法。图 3-8 所示为直径为 d 分别平行于三个坐标面的圆。由于圆所平行的坐标面不平行于轴测投影面，因此，其正等轴测图均为椭圆。椭圆的短轴方向与相应菱形的短对角线重合，即与相应的轴测轴方向一致，该轴测轴就是垂直于圆所在平面的坐标轴的投影，长轴则与短轴相互垂直。具体如下：

平行于 XOY 坐标面的圆，其轴测图上椭圆短轴与 O_1Z_1 轴重合，长轴垂直于 O_1Z_1 轴；

平行于 XOZ 坐标面的圆，其轴测图上椭圆短轴与 O_1Y_1 轴重合，长轴垂直于 O_1Y_1 轴；

平行于 YOZ 坐标面的圆，其轴测图上椭圆短轴与 O_1X_1 轴重合，长轴垂直于 O_1X_1 轴。

若轴向变形系数采用简化系数，所得椭圆长轴约等于 $1.22d$，短轴约等于 $0.7d$。

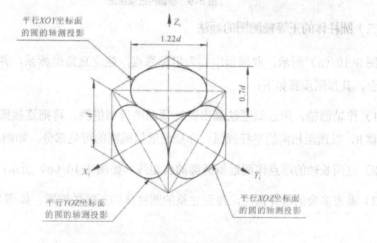

图 3-8　平行于坐标面的圆的正等轴测图

以直径为 d 的水平圆为例，说明正等轴测投影椭圆的近似画法（四心法或称菱形法）。

（1）过圆心 O 作坐标轴并作圆的外切正方形，切点为 A、B、C、D，如图 3-9（a）所示。

（2）作轴测轴及切点的轴测投影，过切点 A_1、B_1、C_1、D_1 分别作 X_1、Y_1 轴的平行线，相交成菱形（外切正方形的正等轴测图）；菱形的对角线分别为椭圆长、短轴的方向，如图 3-9（b）所示。

（3）点1、2为菱形顶点，连接$2A_1$、$2D_1$，交长轴于点3、4，如图3-9（c）所示。

（4）分别以点1、2为圆心，以$1B_1$（或$2A_1$）为半径画大圆弧B_1C_1、A_1D_1；以点3、4为圆心，以$3A_1$（或$4B_1$）为半径画小圆弧A_1C_1、B_1D_1。如此连成近似椭圆，如图3-9（d）所示。

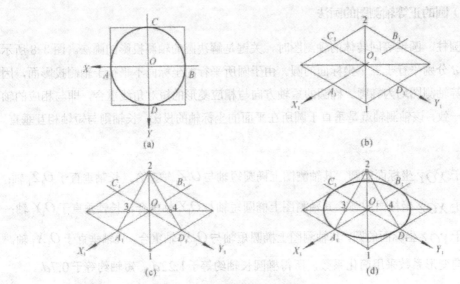

图3-9　椭圆的近似画法

（二）圆柱体的正等轴测图的画法

如图3-10（a）所示，取顶圆中心为坐标原点，建立直角坐标系，并使Z轴与圆柱的轴线重合，其作图步骤如下：

（1）作轴测轴，用近似画法画出圆柱顶面的近似椭圆，再把连接圆弧的圆心沿Z轴方向下移H，以顶面相同的半径画弧，作底面近似椭圆的可见部分，如图3-10（b）所示；

（2）过两长轴的端点作两近似椭圆的公切线，如图3-10（c）所示；

（3）擦去多余的线并描深，得到完整的圆柱体的正等轴测图，如图3-10（d）所示。

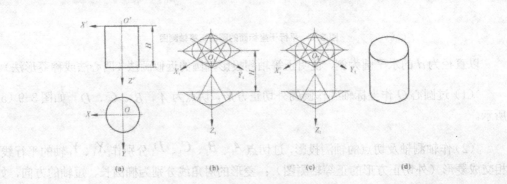

图3-10　圆柱的正等轴测图的画法

二、圆台的正等轴测图

如图 3-11（a）所示，圆台的轴线垂直于水平面，顶面和底面都是水平面，取顶面圆心为坐标原点，Z 轴与圆台的轴线重合，其作图步骤如下：

（1）作轴测轴，用近似画法画出圆台顶面和底面的近似椭圆，如图 3-11（b）所示；

（2）作顶面和底面近似椭圆的公切线，如图 3-11（c）所示；

（3）擦去多余的线并描深，如图 3-11（d）所示。

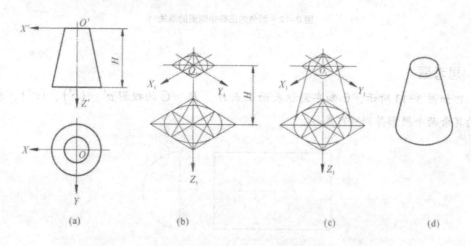

图 3-11 圆台的正等轴测图的画法

三、圆角的正等轴测图

圆角是圆柱的 1/4，其正等轴测图画法与圆柱的正等轴测图画法相同，即作出对应的 1/4 菱形，画出近似圆弧。

如图 3-12（a）所示，圆角的正等轴测图的近似画法如下：

（1）画长方体的正等轴测图。

（2）在作圆角的边线上由角顶点沿两边分别量取圆角半径 R，得 1、2、3、4 四个点，如图 3-12（b）所示。

（3）过 1、2、3、4 点分别作所在边的垂线，垂线的交点即为底板上表面的圆心 O_1、O_2；然后分别以 O_1、O_2 为圆心，以 O_1、$O_2$3 为半径画弧，所得弧即为底板上表面的圆角。将圆心 O_1、O_2 沿 Z 轴方向下移板厚距离 H，得到圆心 O_3、O_4。以上表面相同的半径画弧，即完成下表面圆角的作图，如图 3-12（c）所示。

（4）作右侧小圆弧的公切线，完成圆角作图。擦去多余线条，描深可见轮廓线，如图 3-12

（d）所示。

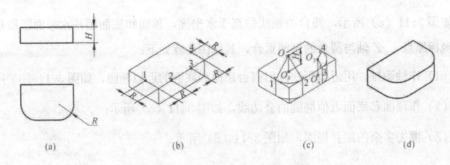

图 3-12　圆角的正等轴测图的画法

思考题

1. 如图 3-13 所示，已知半圆柱表面上点 A、B、C 的投影 a'、(b')、(c'')，求各点的其余两个投影并判别可见性。

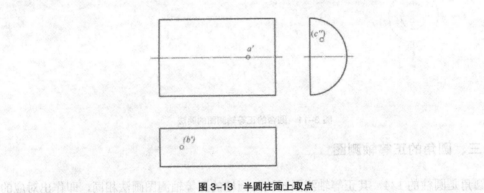

图 3-13　半圆柱面上取点

2. 如图 3-14 所示，已知半圆锥表面上点 A、B、C 的投影 a'、b'、c'，求各点的其余两个投影并判别可见性。

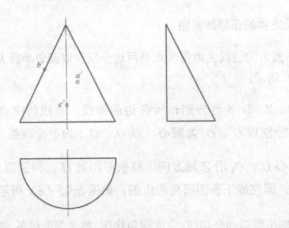

图 3-14　半圆锥面上取点

3. 如图 3—15 所示，已知半圆球的两个视图及其表面上点 A、B、C 的投影 a'、b、c，求第三视图和各点的其余两个投影并判别可见性。

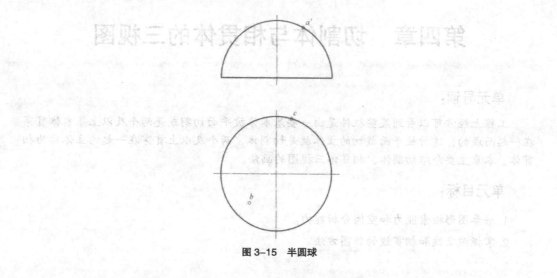

图 3—15　半圆球

第四章　切割体与相贯体的三视图

单元导读：

　　工程上经常可以看到某些机件是由一些基本体被平面切割或是两个及以上基本体贯穿在一起而成的，这种被平面截切的立体就是切割体，两个及以上贯穿在一起的立体称为相贯体。本章主要介绍切割体、相贯体三视图的画法。

单元目标：

1. 培养图形检索能力和空间分析能力。
2. 掌握截交线和相贯线的作图方法。

第一节　切割体的三视图

　　用平面切去立体的一部分称为截切，截切立体的平面称为截平面，平面与立体表面相交产生的交线称为截交线，截交线围成的平面称为截断面。

　　要绘制切割体的投影，不仅要绘制基本立体的投影，还要正确绘制截交线的投影，本节主要介绍截交线的性质和作图方法。

一、截交线的性质

（一）封闭性

　　截交线一般是由直线、曲线或直线和曲线围成的封闭的平面多边形。

（二）共有性

　　截交线是截平面与立体表面的共有线，截交线上的点是截平面与立体表面的共有点。

　　截交线的形状取决于被截立体的形状及截平面与立体的相对位置，截交线投影的形状取决于截平面与投影面的相对位置。

二、平面切割体的三视图

　　平面立体被截平面截切，称为平面切割体。求平面切割体的投影，关键是求出平面立体截交线的投影。平面与平面立体相交所产生的截交线是一个由直线围成的封闭的平面多边形，多边形的顶点为截平面与平面立体各棱线的交点，多边形的边是截平面与平面立体各表面的交线。因此，求平面立体截交线的方法有以下两种：

（一）交点法

求平面立体各棱线与截平面的交点，则在立体同一表面上的两个交点连线即是截交线。

（二）交线法

求平面立体各表面与截平面的交线，截平面与几个表面相交就求几条交线，即截交线。

如图 4-1（a）（b）所示，求被截切后五棱柱的左视图。

空间及投影分析：从主视图可以看出截平面是正垂面，与五棱柱的五个侧棱面均相交，因而截交线为五边形，五边形的五个顶点是截平面与五条棱线的交点。

由于截交线是截平面与五棱柱立体表面的共有线，截平面是正垂面，故截交线的正面投影积聚在截平面的正面投影上；同时，截交线在五棱柱的五个棱面上，截交线的水平投影积聚在五棱柱五个棱面的水平投影上。

作图步骤如下：

（1）先画出完整的五棱柱的左视图。

（2）在正面投影上确定截平面与五条棱线的交点 $1'$、$2'$、$3'$、$4'$、$5'$，按投影关系在五棱柱水平投影和侧面投影的各棱线上分别求出各点的水平投影 1、2、3、4、5 和侧面投影 $1''$、$2''$、$3''$、$4''$、$5''$。

（3）画出截交线的侧面投影：五棱柱被截去左上角，因此截交线的侧面投影可见。用粗实线把同一棱面上的两点连线，得截交线侧面投影 $1''\ 2''\ 3''\ 4''\ 5''$，为类似形，如图 4-1（c）所示。

（4）判断被截切后立体棱线的存在情况及其可见性：左视图有两条棱线不可见，画成虚线；保留部分的可见轮廓线画粗实线；描深全部图形，如图 4-1（d）所示。

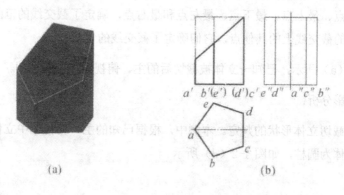

(a)　　　　　(b)

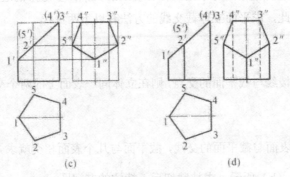

图 4-1　棱柱截交线求解举例

三、回转切割体的三视图

回转体被截平面截切，称为回转切割体。平面与回转体相交产生的截交线一般情况下是封闭的平面曲线。但由于截平面与回转体相对位置的变化，也可能得到由直线与平面曲线组成的截交线，或者完全是由直线段组成的截交线。

（一）圆柱切割体

1. 截交线的形状

平面截切圆柱时，根据截平面与圆柱轴线相对位置的不同，圆柱面截交线有三种形状：当截平面平行于圆柱轴线时，截交线为两组平行直线；当截平面垂直于圆柱轴线时，截交线为圆；当截平面倾斜于圆柱轴线时，截交线为椭圆。

2. 圆柱截交线的作图

当圆柱截交线为两组平行直线或圆时，可利用圆柱面和截平面投影的积聚性，直接精确求出。

当截交线为椭圆时，由于椭圆的投影为曲线，不能精确求出，可根据圆柱面和截平面投影的积聚性，先求出若干个截交线上的点，然后光滑连接这些点而近似求出。截交线上的点可分为特殊点和一般点。特殊点为圆柱转向轮廓素线上的点，这些点为所求截交线的最高点、最低点、最上点、最下点、最左点和最右点，确定了截交线的范围。一般点为除去特殊点以外的截交线上的其他点，它们确定了截交线的弯曲方向。

如图 4-2（a）所示，已知一立体被截切后的主、俯视图，求左视图。

空间及投影分析：

第一，被截切立体形状的判定。本例中，根据已知的主、俯视图中立体未被截切前的投影可知该立体为圆柱，如图 4-2（d）所示。

第二,截交线形状的判定。截交线的形状由截平面与圆柱轴线的相对位置确定。本例中,共有两类截平面:一类截平面与圆柱的轴线平行,其截交线为两组平行直线1(2)、3(4)和5(6)、7(8);另一类截平面与圆柱的轴线垂直,其截交线为圆弧4(2)、6(8)。

第三,截交线投影的确定。截交线的投影与截平面本身的属性相关,因此,须对截平面本身的位置属性进行判定。本例中,与圆柱轴线平行的截平面为侧平面,因此,产生的截交线的投影在主、俯视图上积聚,而在左视图上反映实形;与圆柱轴线垂直的截平面为水平面,因此,产生的截交线的投影在俯视图上反映实形,而在主、左视图上积聚为线。

作图步骤如下如图[4-2(b)所示]:

(1)画出完整圆柱体的左视图。

(2)求截交线的投影。根据分析结果,利用截平面与圆柱投影的积聚性,可得到两组平行直线12、34和56、78在主、俯视图上的投影,进而求出其在左视图上投影1″2″、3″4″和5″6″、7″8″。圆弧42、68在左视图上的投影积聚为线4″2″、8″6″。

(3)确定被截切圆柱轮廓素线的情况。在例中,圆柱在左视图上反映的轮廓素线为圆柱的最前和最后轮廓素线,该轮廓素线没有被截平面所截切,因此在左视图上圆柱的转向轮廓素线保持完整,用粗实线画出。图4-2(c)所示为左视图的错误画法。

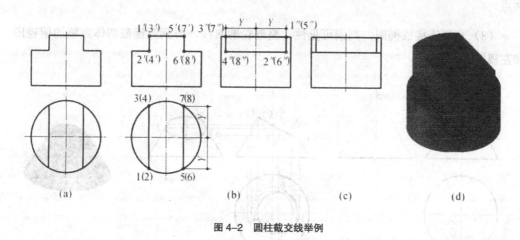

图4-2 圆柱截交线举例

(二)圆锥切割体

1. 截交线的形状

根据截平面与圆锥轴线相对位置的不同,圆锥面截交线有五种形状:圆、两相交直线、椭圆、抛物线、双曲线。

2. 圆锥截交线的作图

当截平面截圆锥面产生的截交线是圆和直线时,可利用投影关系直接准确求出;当产生的截交线为椭圆、双曲线、抛物线时,可按如下步骤画出:

第一，求曲线上特殊点的投影。它们分别为椭圆长、短轴端点，双曲线、抛物线的顶点、端点，在求解时，通常为截平面积聚为线的投影与圆锥轮廓素线和轴线的交点（当截交线为椭圆时，该椭圆短轴的端点在主视图上的投影为线段的中点（如图4-3所示）。

第二，求曲线上适量一般点的投影。利用圆锥表面上取点的方法作一般点的投影。

第三，光滑连接所求点，可参见图4-3。

如图4-3（a）所示，求圆锥被一正垂面截切后完整的俯视图和左视图。

空间及投影分析：由截平面与圆锥的相对位置可知，截交线为一椭圆，如图4-3（c）所示。截交线的正面投影与截平面的正面投影重合，而水平投影和侧面投影仍为椭圆。先求特殊点，再求一般点，光滑连接同面投影即可。

作图步骤如下［如图4-3（b）所示］：

（1）求截交线上特殊点的投影。特殊点有Ⅰ、Ⅱ、Ⅲ、Ⅳ、Ⅴ、Ⅵ，其中Ⅰ、Ⅳ、Ⅲ、Ⅴ四点，由其正面投影可直接得到水平投影和侧面投影，Ⅱ、Ⅵ两点，由正面投影须作纬圆，再求出另两面投影。

（2）求截交线上一般点的投影。利用纬圆法，求适当数量的一般点的投影，如 VKVD1 两点。

（3）光滑连接成椭圆，判别可见性，整理轮廓素线，得到圆锥截切体完整的俯视图和左视图。

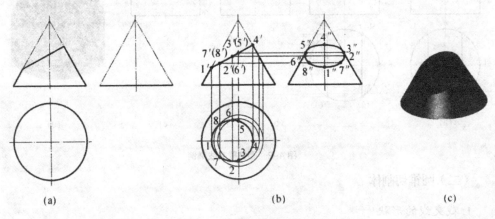

图4-3　圆锥截交线求解举例

（三）圆球切割体

1. 截交线的形状

用任何位置的平面截圆球，其截交线均为圆。但由于截平面与投影面的位置不同，截交线的投影可能是直线、圆或椭圆。

2. 圆球截交线作图

如图 4-4（a）所示，已知圆球被截切后的主视图，求俯、左视图。

空间及投影分析：图 4-4（a）所示圆球被正垂面所截，截交线的实形仍是一个圆，如图 4-4（e）所示。圆的正面投影与截平面的正面投影重合，为一段直线，其长度等于该圆的直径；圆的水平投影和侧面投影都是椭圆，可以通过圆球表面取点，作辅助圆求得。

作图步骤如下：

（1）作轮廓线上点 a、b、e、f、g、h 的水平投影和侧面投影，如图 4-4（b）所示。

（2）作椭圆长轴 cd 的投影。由于短轴 ab 已求出，是正平线，长轴与短轴垂直，cd 应是正垂线，故取 $a'b'$ 中点即为长轴 cd 的正面投影，由 $c'd'$ 利用辅助圆法求出 cd 和 $c''d''$，如图 4-4（c）所示。

（3）检查轮廓素线的变化，光滑连接所求点，完成作图，如图 4-4（d）所示。

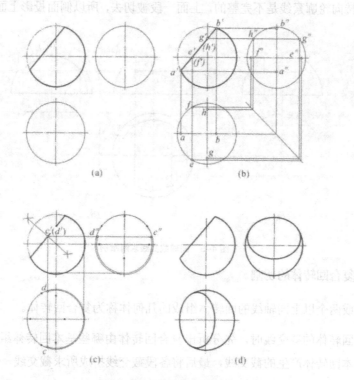

图 4-4　圆球截交线求解举例

又如 4-5（a）所示，已知半圆球切槽后的主视图，补全其俯视图并画出左视图。

空间及投影分析：由图 4-5（a）可知，半圆球是由左右对称的两侧平面和一个水平面切割而成的，与球面的交线均为圆弧，如图 4-5（c）所示。其中，侧平面截切的圆弧的正面投影和水平投影都积聚成直线，侧面投影反映实形；水平面截切的圆弧的正面投影和侧面投影积聚成直线，水平投影反映实形。

作图步骤如下［如图4-5（b）所示］。

（1）画出截切之前完整的半圆球的侧面投影。

（2）利用纬圆法求水平面完整截切半球的水平投影纬圆，按"长对正"取局部圆弧275和386，可见，画粗实线圆弧。侧面投影积聚成直线7″8″。

（3）利用纬圆法求侧平面完整截切半球的侧面投影半圆，按"高平齐"取局部圆弧2″1″3″，可见，画粗实线圆弧，5″4″6″与2″1″3″重合，不可见。水平投影积聚成直线23和56，可见，画粗实线。

（4）侧平面与水平面的交线侧面投影不可见，所以，2″3″画虚线。7″2″和8″3″可见，画粗实线。

（5）整理轮廓素线的投影。水平投影的轮廓素线就是半圆球的底圆，可见，画粗实线；侧面投影的转向轮廓素线是不完整的，上面一段被切去，所以侧面投影上面一段圆弧没有。

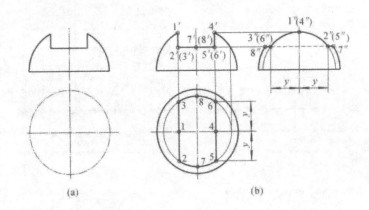

图4-5　圆球截交线求解举例

（四）复合回转体的切割

由两个或两个以上同轴线的回转体组成的几何体称为复合回转体。

求复合回转体的截交线时，先分析出复合回转体由哪些基本回转体组成，再分别求出平面与各基本回转体产生的截交线，最后将各段截交线拼成所求截交线。

如图4-6（a）所示，已知顶尖被截切后的主视图和左视图，补全其俯视图。

空间及投影分析：顶尖表面由圆锥面和圆柱面构成，被两个平面所截，圆锥面上得到的截交线为双曲线，在圆柱面上得到的截交线为直线和圆弧，如图4-6（c）所示。作图时应注意圆锥和圆柱交线可见性的变化。

作图步骤如下［如图4-6（b）所示］：

（1）截平面和圆锥的截交线是双曲线，先在正面投影上确定特殊点和一般点的投影 $1'$、$2'$、$3'$、$7'$、$8'$，再找到侧面投影 $1''$、$2''$、$3''$、$7''$、$8''$，最后求出水平投影1、2、3、7、8，光滑连接各点成曲线，可见，画粗实线。

（2）平行于圆柱轴线的截平面和圆柱的截交线是两平行直线，先在正面投影上确定四个点 $2'$、$3'$、$4'$、$5'$，再找到侧面投影 $2''$、$3''$、$4''$、$5''$，最后求出水平投影2、3、4、5，连线24、35，可见，画粗实线。

（3）垂直于圆柱轴线的截平面和圆柱的截交线是圆，这里只截一部分，所以截交线是圆弧。又由于截平面是侧平面，截交线是截平面和圆柱面上的共有线，因此这段圆弧的侧面投影反映实形，水平投影积聚成一直线，即45，可见，画粗实线。

（4）确定复合回转体切割后的投影，逐个分析圆锥和圆柱切割后的投影，不可见轮廓线画虚线。

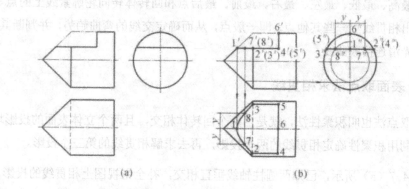

图4-6　复合回转体截交线举例

第二节　相贯体的三视图

一、相贯线的概念及性质

两个立体相交叫相贯，两个相交的立体称为相贯体，两立体相交时在立体表面所产生的交线称为相贯线。

根据立体几何性质不同，两个立体相交可分为两平面立体相交、平面立体与曲面立体相交和两曲面立体相交三种。前两种情况可采用求解截交线的方法解决，本节重点讨论两回转体相交产生的相贯线的求法。

两回转体相贯线具有以下性质：

（一）表面性

相贯线位于两个立体的表面上。

（二）共有性

相贯线是两立体表面的共有线，线上的点是两立体表面的共有点。

（三）封闭性

相贯线一般是封闭的空间曲线，特殊情况下是平面曲线或直线。

求作两曲面立体的相贯线，实质上就是求两立体表面的一系列共有点的投影。根据求共有点的作图方法不同，求解相贯线的基本方法可以分为表面取点法和辅助平面法两种。

当相贯线的投影为非圆曲线时，一般先求出相贯线上的特殊点，即能够确定相贯线范围的点（最高、最低、最左、最右、最前、最后点和回转体转向轮廓素线上的点等），再按需要求出相贯线上一些其他点，即一般点，从而确定交线的弯曲趋势，并判断其可见性，将所求点光滑连接成曲线。

二、表面取点法求相贯线

表面取点法也叫积聚性法，就是当两个回转体相交，且两个立体表面的投影均有积聚性时，可利用积聚性确定相贯线的两个投影，再去求解相贯线的第三个投影。

如图 4-7（a）所示，已知两圆柱轴线垂直相交，补全主视图上相贯线的投影。

空间及投影分析：由图 4-7（a）可知，相贯线为一前后、左右对称的封闭的空间曲线，如图 4-7（c）所示。小圆柱轴线为铅垂线，水平投影积聚成圆；大圆柱轴线为侧垂线，侧面投影积聚成圆；相贯线是两圆柱表面上的共有线，因此其水平投影积聚在小圆柱面的水平投影上，侧面投影积聚在大圆柱表面的侧面投影上，且为两圆柱面侧面投影共有部分的一段圆弧。

作图步骤如下如图 [4-7（b）所示]：

第一，求特殊点。点 a、b 是相贯线的最左、最右点（也是最高点），在正面投影中位于两圆柱轮廓素线的交点处；点 c、d 是相贯线的最前、最后点（也是最低点），侧面投影在小圆柱的轮廓素线上，其正面投影可从侧面投影求得。

第二，求一般点。任取两点 e、f，在水平投影中定出 e'、f'，然后按投影关系求出 e''、（f''），再根据 e、e''、f、（f''）求出 e'、f'。

第三，连线并判断可见性。相贯线正面投影前后相互重合，只画出粗实线；光滑连接所求点，得到相贯线的正面投影。

相贯线可见性的判断原则是：同时位于两回转体可见表面上的点，其投影是可见的；否则为不可见。

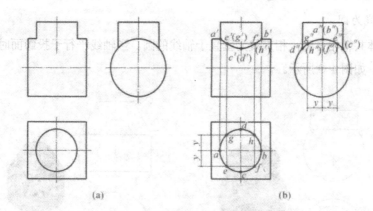

图 4-7　表面取点法求解相贯线举例

（一）相贯线形成方式

图 4-8 所示为两圆柱内、外表面相交产生相贯线的三种形式。其中，图（a）为两圆柱外表面相贯，图（b）为一个圆柱的外表面与一个圆柱的内表面（圆柱孔）相贯，图（c）为两个圆柱的内表面相贯（两个圆柱孔相贯）。不论哪种形式的相贯，其相贯线的分析和作图方法都是相同的。

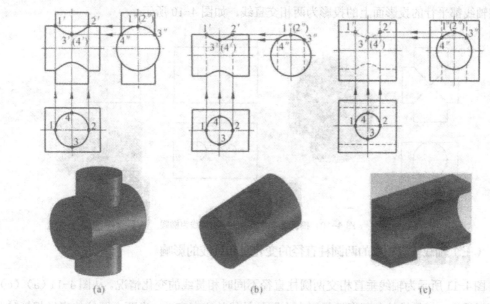

图 4-8　两圆柱内、外表面相交产生相贯线的三种形式

（二）相贯线的特殊情况

一般情况下相贯线为空间曲线，而在特殊情况下退化为平面曲线（直线、圆、椭圆等）。掌握相贯线的特殊情况，可以简化并准确地求出相贯线的投影。

1. 相贯线为圆

两回转体共轴相贯时，相贯线为垂直于轴线的圆。当轴线平行于投影面时，圆的投影积聚为直线，如图 4-9 所示。

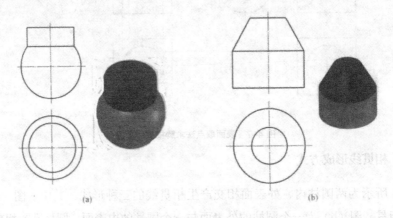

图 4-9　相贯线特殊情况——相贯线为圆

2. 相贯线为椭圆

当两圆柱（或圆柱孔）直径相等并且轴线垂直相交时，相贯线为椭圆。椭圆在其与两圆柱轴线都平行的投影面上的投影为两相交直线，如图 4-10 所示。

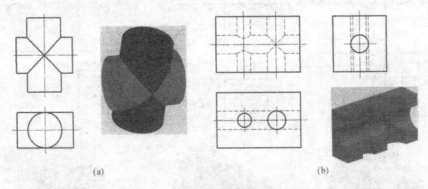

图 4-10　相贯线特殊情况——相贯线为椭圆

（三）轴线垂直相交的两圆柱直径的变化对相贯线的影响

图 4-11 所示为轴线垂直相交两圆柱直径不同时相贯线的变化情况。从图 4-11（a）（c）中可以看出，相贯线的非积聚性投影向大圆柱轴线的方向弯曲。当两个圆柱的直径相等时，相贯线变为两条平面曲线（椭圆），其投影为两条相交直线，如图 4-11（b）所示。

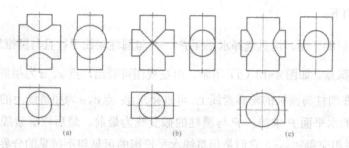

图 4-11　轴线垂直相交两圆柱直径不同时相贯线的变化情况

三、辅助平面法求相贯线

当相贯线不能用积聚性直接求出时，可以利用辅助平面法求解。

辅助平面法是根据三面共点的原理，如图 4-12（a）所示，当圆柱与圆锥相贯时，为求得共有点，可假想用一个平面 P（称为辅助平面）截切圆柱和圆锥。取平面 P 为水平面，它与圆柱面的截交线为两条平行直线，与圆锥面的截交线为圆，两直线与圆的交点是平面 P、圆柱面和圆锥面三个面的共有点，也就是相贯线上的点。利用若干个辅助平面，就可得到若干个相贯线上点的投影，光滑连接各点即可求得相贯线的投影。

辅助平面的选择原则如下：

第一，应使辅助平面与两回转体的截交线及其投影是直线或圆。图 4-12（a）所示的水平面 P 和图 4-12（b）所示的过锥顶且平行于圆柱轴线的平面 Q 是通常采用的两类辅助平面。

第二，辅助平面应位于两曲面立体的共有区域内。

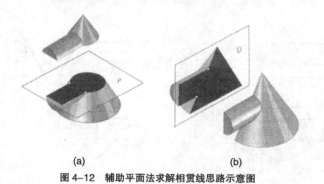

(a)　　　　　　　　　　　　(b)

图 4-12　辅助平面法求解相贯线思路示意图

利用辅助平面法求图 4-13（a）中圆柱与圆锥的相贯线。

空间及投影分析：圆柱与圆锥轴线垂直相交；圆柱轴线是侧垂线，圆柱面的侧面投影积聚为圆，相贯线的侧面投影与此圆重合；须求相贯线的正面投影和水平投影。

作图步骤如下：

（1）选择辅助平面。这里选择水平面 P，P 与圆柱轴线平行且与圆锥轴线垂直。

（2）求特殊点。如图 4-13（b）所示，由左视图可看出，点 a、d 为相贯线上的最高、最低点 a'、d' 在圆柱与圆锥的轮廓素线上，可直接求出；点 c、e 为相贯线上的最前、最后点，由过圆柱轴线的水平面 P 求得；P 与圆柱的截交线为最前、最后轮廓素线，与圆锥的截交线为圆，二者相交得 c'、e'，它们是相贯线水平投影的可见与不可见的分界点。如图 4-13（c）所示，过锥顶作与圆柱面相切的侧垂面 Q_1、Q_2 为辅助平面，这两个平面的侧面投影 Q_{1w}、Q_{2w} 与圆柱面的侧面投影（圆）相切，两个切点 b、f 为相贯线上的最右点。

（3）求一般点。根据作图需要在适当位置再作一些水平面为辅助面，可求出相贯线上的一般点。

（4）判断可见性并光滑连线。如图 4-13（d）所示，相贯线的正面投影前、后重合，用实线表示；水平投影的可见与不可见的分界点是 c、e，点 D 在下半圆柱上，故连线为虚线，其他为实线。

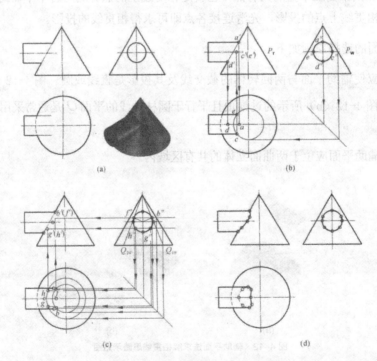

图 4-13 辅助平面法求解相贯线作图步骤

思考题

1.如图 4-14 所示，已知一立体被截切后的主、左视图，求俯视图。

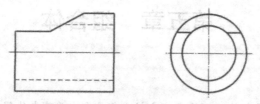

图 4-14 一立体被截切后的主、左视图

2.如图 4-15 所示，已知俯、左视图，补全主视图。

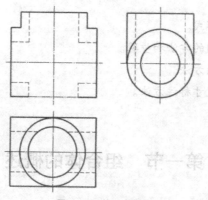

图 4-15 俯、左视图

第五章　组合体

单元导读：

　　任何机械设备的零部件从形体角度分析，都是由一些基本体经过叠加、切割或穿孔等组合形成的，我们把这种由两个或两个以上的基本体组合构成的结构体称为组合体。掌握组合体画图和读图的基本方法十分重要，可为进一步识读和绘制零件图打下基础。

单元目标：

1. 了解组合体的组合形式。
2. 了解画组合体三视图的方法和步骤。
3. 熟知读组合体视图的方法。
4. 掌握组合体视图的尺寸标注方法。

第一节　组合体的概述

一、组合体的组合形式及表面连接关系

（一）组合体的组合形式

组合体的组合形式有相加式、切割式和综合式等，常见的是综合式。

1. 相加式

指由两个或两个以上的几何体以相加的方式形成立体，如图5-1所示。

图5-1　相加式组合体

2. 切割式

指由基本几何体经切割而形成立体，如图5-2所示。

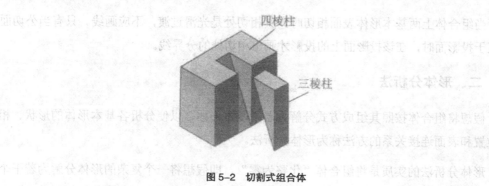

图5-2　切割式组合体

3. 综合式

指由切割和相加共同形成立体，如图5-3所示。

图5-3　综合式组合体

在许多情况下，切割式与相加式并无严格的界线，同一组合体既可以按切割式进行分析，也可以按相加式进行分析，应视具体情况分析，以画图和看图方便为准。

（二）组合体表面的连接关系

无论以何种方式构成的组合体，其形体间同一方向的相邻表面都可以分为平齐、不平齐、相交和相切四种连接关系。形体间的表面连接关系不同，其结合处的图线画法就不同。

1. 表面平齐

画视图时，同一方向平齐的相邻表面间无分界线。

2. 表面不平齐

若同一方向相邻表面不平齐，则应在结合处画出分界线。

3. 表面相交

当两形体表面相交时会产生各种形式的交线，应在投影图中画出交线的投影。

4.表面相切

画视图时，表面相切处通常不画分界线，包括平面与曲面相切和曲面与曲面相切。

当组合体上两基本形体表面相切时，其相切处是光滑过渡，不应画线。只有当公切面垂直于投影面时，在该投影面上的投影才画出相切处的分界线。

二、形体分析法

假想将组合体按照其组成方式分解为若干基本形体，以便分析各基本形体的形状、相对位置和表面连接关系的方法称为形体分析法。

形体分析法的实质是将组合体"化整为零"，即假想将一个复杂的形体分解为若干个简单形体。形体分析法是画、读组合体视图以及标注尺寸的最基本方法。

分析内容包括：

（1）组合体的组合形式：切割、相加、综合。

（2）组合体各组成部分的结构状况。

（3）组合体的表面关系：平齐、不平齐、相交、相切。

（4）组合体各组成部分之间的位置关系：上、下、左、右、前、后。

如图5-4所示，从立体图中可以看出，此组合体由五个基本几何体组成：空心圆柱体1、肋板2、空心半圆柱体3、凸台4和底板5。其中，空心圆柱体1和空心半圆柱体3的轴线空间垂直交叉；凸台4与底板5及空心圆柱体1相交；凸台4前面与底板平齐；肋板2连接空心圆柱体1、空心半圆柱体3及底板5，且后面与空心半圆柱体3后端面平齐，上面与空心半圆柱体3相切，与空心圆柱体1相交。

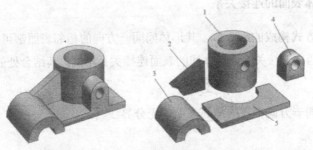

图5-4 组合体形体分析
1—空心圆柱体；2—肋板；3—空心半圆柱体；4—凸台；5—底板

第二节　画组合体三视图的方法和步骤

一、形体分析

画图前应首先对组合体进行形体分析，即分析该组合体的组合形式、各基本形体的形状、相对位置、表面连接关系及组合体是否具有对称性等，以便对组合体的整体形状有个总的印象。图5-5所示的轴承座是由凸台1、圆筒2、支撑板3、肋板4和底板5组成。圆筒和凸台的内外表面都有相贯线，外圆柱面与肋板、支撑板相连接，它们的左右端面都不平齐；支撑板的左右两侧面与圆筒的外圆柱面相切，与底板的左右两侧面相交；肋板的左右两表面与圆柱面相交；支撑板的后端面与底板的后端面、圆筒2的后端面平齐；轴承座在左右方向上具有对称性。凸台、肋板和圆筒左右方向都以对称面定位。

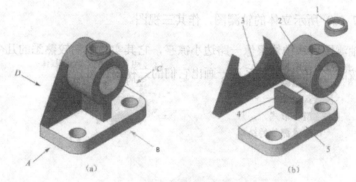

图5-5　轴承座形体分析

1—凸台；2—圆筒；3—支撑板；4—肋板；5—底板

二、选择主视图

画组合体的三视图，首先要确定主视图。主视图的选择原则是：应选择最能反映该组合体形状特征和位置特征的视图作为主视图，同时还应考虑尽可能减少其他视图中的虚线。

从图5-5（a）所示A、B、C、D四个方向所得视图，如图5-6所示。

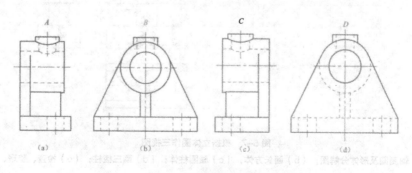

图5-6　主视投影方向分析

经过比较可以看出，该组合体以投射方向 B 或 C 所得的视图能较好地满足以上选择原则，现以 B 向为主视方向。当主视图方向确定后，其他视图的方向则随之而定。

三、画图步骤

（1）根据组合体的尺寸大小和复杂程度，依据相关的国家标准，选择出合适的图纸幅面和绘图比例。

（2）根据组合体的总长、总宽、总高布置三视图，并在视图间留适当间距，画出各对称中心线、基准线和孔中心线。

（3）先画主要部分，后画次要部分；先画基本形体，再画切口、穿孔等细部结构。在画各部分投影时，应从形状特征明显的视图入手，三个视图配合着画。

（4）校核、检查、整理，擦去多余的线条，描深图线，完成组合体三视图。

根据图 5-7（a）所示立体的轴测图，作其三视图。

分析：该轴测图所示物体很像一路边小凉亭，它其实是我们较熟悉的几个基本体组合而成的。只要按照它们的位置关系逐一画出它们的三视图便可。

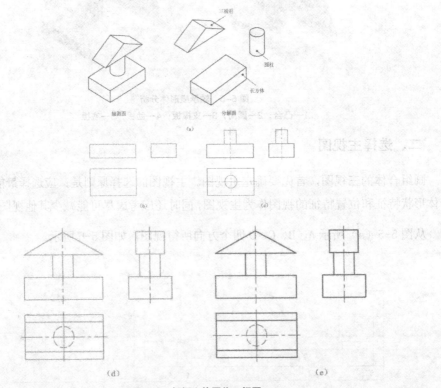

图 5-7　根据立体图作三视图

（a）轴测图及形体分解图；　（b）画长方体；　（c）画圆柱体；　（d）画三棱柱；　（e）检查、整理、描深

第三节　读组合体视图的方法

读图和画图是学习机械制图的两个主要内容。画图是将形体用正投影的方法表达在平面上，即实现空间到平面的转换；而读图则是根据视图想象出形体的空间形状，即实现平面到空间的转换。

一般来讲，一个视图不能反映物体的确切形状，甚至两个视图也不能反映物体的确切形状。物体的三个视图总是相互关联的，它们彼此配合才能完整地表达物体的形状。因此，读图时，不能孤立地只看一个或两个视图，必须抓住重点，以主视图为中心，配合其他视图一起看，才能正确地确定物体的形状和结构。

一、读图方法

（一）形体分析法

形体分析法是读图的基本方法。根据视图特点，把比较复杂的组合体视图按线框分成几个部分，运用三视图的投影规律，一部分一部分想象出它们的形状，再根据各部分的相对位置关系、组合方式、表面连接关系，综合想象出整体的结构形状。

一般读图步骤为：

第一，抓主视，看大致。参照特征视图，分解形体。

第二，分部分，抓特征，想形状。利用"三等关系"，找出每一部分的三个投影，想象出它们的形状。

第三，合起来，想整体。根据每一部分的形状和相对位置、组合方式、表面连接关系想出整个组合体的空间形状。

例如，读轴承盖的三视图，如图 5-8 所示。

1. 抓主视，看大致

首先看主视图，它反映了轴承盖的主要形状，从图 5-8 可以看出拱形部分是轴承盖的最大部分，左右支耳是连接部分，上面是油孔凸台部分。

2. 分部分，抓特征，想形状

从主视图上大致可将轴承盖分为四个部分，即轴承盖半圆筒 1、左支耳 2、右支耳 3 及油孔凸台 4，如图 5-9 所示。各部分的形状如图 5-10 所示。

3. 合起来，想整体

各部分形状想象出来后，它们之间的相互关系可通过对线条，找出相互之间的位置关系和连接关系。从图 5-8 上可以看出，支耳在轴承盖半圆筒的两旁，油孔凸台在半圆筒上面，和圆筒部分相贯在一起，经过分析、综合和想象，就可以将轴承盖的整体形状想象出来，如图 5-11 所示。

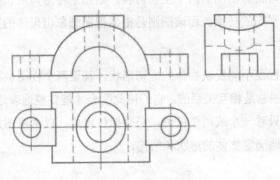

图 5-8　轴承盖三视图

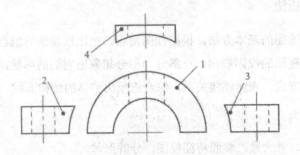

图 5-9　轴承盖分解
1—半圆筒；2—左支耳；3—右支耳；4—油孔凸台

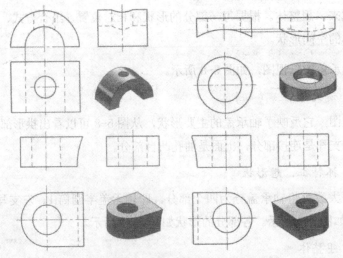

图 5-10　分部分，抓特征，想形状

图 5-11　轴承盖的整体形状

（二）线面分析法

对于切割面较多的组合体，往往需要在形体分析法的基础上进行线面分析。线面分析法就是运用线、面的投影理论来分析物体各表面的形状和相对位置，并在此基础上综合归纳想象出组合体的形状的方法。

线面分析法的读图步骤如下：

（1）运用投影特征，分析线、线框含义。

视图中的粗实线、虚线可能表示：

①表面与表面的交线的投影。

②曲面转向轮廓线在某方向的投影。

③具有积聚性的面（平面或曲面）的投影。

视图中的封闭线框可以表示：第一，一个面的投影；第二，柱面的积聚性投影；第三，凹坑的投影。

（2）运用投影特征，分析线、线框空间位置。

（3）综合想象整体形状。

线面分析法能准确地由视图中的图线及线框分析出组合体的每一个表面和表面间的相对位置，这需要根据线面的投影规律，明确视图中图线、线框的含义。但在实际看图和画图时，往往不是一成不变地只用一种方法，而是根据形体的具体情况将线面分析和形体分析这两种方法综合应用。

二、常见读图方式举例

（一）根据两面视图补画第三视图

根据两面视图补画第三视图是培养和检验读图能力常用的一种方法，它实际上是看图与画图的综合练习。首先应按照投影规律，读懂已知视图，再根据投影规律及组合体的画图方法，补画出第三视图。

例如，根据图 5-12、 形状，并补画出俯视图。

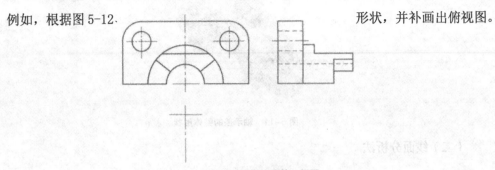

图 5-12　根据两面视图补画第三视图

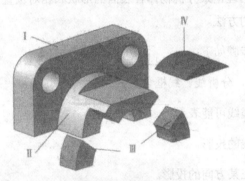

图 5-13　形体分析

由主、左视图可以初步确定该组合体由带孔长方体 I 和半圆筒 II 两个基本部分组成，如图 5-14（a）所示。在此基础上对半圆筒部分进行切割，切去形体III部分，如图 5-14（b）所示。最后切去形体IV部分得到如图 5-14（c）所示的空间结构和形状。根据实际形状补画俯视图如图 5-14 所示。在补画俯视图时各组成部分均应保持"三等关系"。

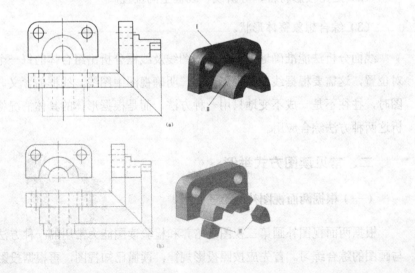

(a)

(b)

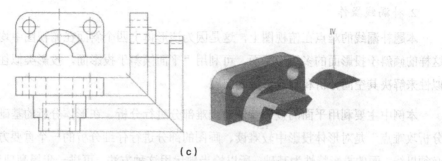

（c）

图 5-14 根据两面视图补画第三视图的画图步骤

（a）画Ⅰ和Ⅱ的俯视图；（b）画切去块Ⅲ的俯视图；（c）画切块Ⅳ的俯视图，检查、整理、描深

（二）补漏线

补全组合体视图中漏画的图线也是提高读图能力，检验读、画图效果常用的方法之一。

补全图 5-15 所示三视图中缺漏的图线。

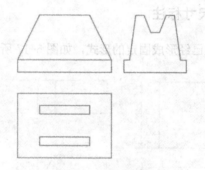

图 5-15 补漏线

通过给出的已知部分，分析组合体的特点及组合形式、相邻表面的连接关系，看它们之间的平齐、不平齐、相切、相交、相贯等的分界处情形是否表达正确，并根据各部分投影的"三等关系"判断有无漏线，这对提高空间分析能力是很重要的。

1. 构思形体

浏览图 5-15 所示形体的已知视图，可以初步确定这是一个长方体经切割而形成的形体。现根据已知条件构思如图 5-16 所示。

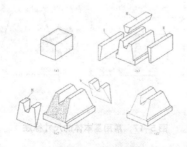

图 5-16 构思形体

（a）切割前的长方体；（b）长方体切去前后部分并在上部开槽；（c）切去左右部分；（d）切割后的组合体

机械制图

2. 补漏线操作

本题补漏线的难点在俯视图上，这是因为该形体上四个斜面在俯视图中均不积聚。像这样的倾斜于投影面的多边形平面，可利用"平面倾斜于投影面，投影类似往小变"的类似性来解决其空间分析和画投影图的问题。

本例中主要利用平面的投影特性对较难部分进行分析。在形体分析的基础上，"线面分析攻难点"是对形体投影中较难读、画图的部分进行仔细分析的一个重要方法，因为它必须以线、面的投影特性为基础，所以恰当地运用这种方法，可进一步提高理论分析能力。

第四节　组合体视图的尺寸标注

一、常用基本体的尺寸标注

常用基本体的尺寸标注已经形成固定的形式，如图 5-17 所示。

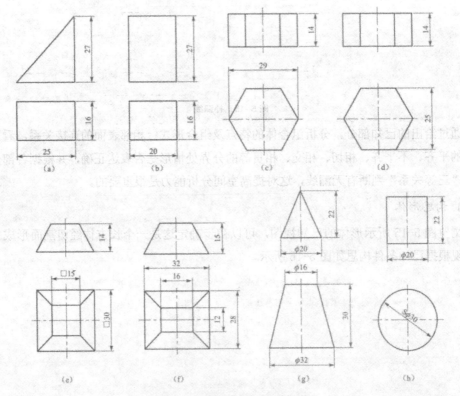

图 5-17　常用基本体的尺寸标注

- 72 -

二、组合体尺寸标注

（一）组合体尺寸标注的基本要求

1. 正确

符合机械制图国家标准尺寸标注有关规定。

2. 完整

标注尺寸要完整，不能遗漏或重复。

3. 清晰

尺寸布置整齐清晰，便于读图。

（二）尺寸种类及组合体视图的尺寸基准

1. 尺寸种类

（1）定形尺寸

确定组合体各组成部分的尺寸。

（2）定位尺寸

确定组合体各组成部分之间相对位置的尺寸。

（3）总体尺寸

确定组合体外形总长、总宽和总高的尺寸。

总体尺寸、定位尺寸、定形尺寸可能重合，这时须做调整，以免出现多余尺寸。

2. 尺寸基准

标注尺寸的起始点，称为尺寸基准。

组合体具有长、宽、高三个方向的尺寸，所以一般有三个方向的基准。标注每一个方向的尺寸都应先选择好基准，以便从基准出发确定各部分形体间的定位尺寸。有时除了三个方向都应有一个主要基准外，还需要有几个辅助基准。

组合体的尺寸基准，常选取其底面、端面、对称平面、回转体的轴线以及圆的中心线等。

三、尺寸标注的注意事项

（一）标注尺寸要完整

标注尺寸时，可按形体分析法将组合体分解为若干基本体，再逐一标注出各个基本体的定形尺寸以及定位尺寸。

（二）标注尺寸要清晰

（1）尺寸应标注在反映形体特征最明显、位置特征较清晰的视图上。

（2）尺寸应尽量标注在图形外面，同方向的连续尺寸应尽量放置在一条线上。

（3）同轴圆柱、圆锥的直径尺寸尽量标注在非圆视图上，圆弧的半径尺寸则必须标注在投影为圆弧的视图上。

（4）同方向的并列尺寸，小尺寸在内，大尺寸在外，间隔要均匀；要避免尺寸线与尺寸界线交叉。同一方向串列的尺寸，箭头应互相对齐，排在一条直线上。

思考题

1. 简述三视图的含义及构成。

2. 组合体的组合方式有哪几种？

3. 如何选择组合体的主视图？

4. 如图 5-18 所示，已知组合体的主、俯视图，补画其左视图并标注尺寸（按 1：1 量取，四舍五入取整）。

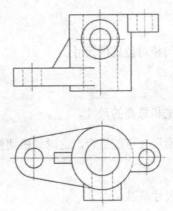

图 5-18　已知条件

第六章　机件的表达方法

单元导读：

前面已介绍了用三视图表达物体的方法，但在工程实际中，机件的结构形状千变万化，有繁有简，仅用三视图已不能满足将机件内外结构形状表达清楚的需要。为此，国家标准《机械制图图样画法视图》《技术制图图样画法视图》中规定了视图的画法，《机械制图图样画法剖视图和断面图》《技术制图图样画法剖视图和断面图》中规定了剖视图和断面图的画法。本章将介绍视图、剖视图、断面图、局部放大图、简化画法等常用的表达方法，画图时应根据机件的实际结构形状和特点，选择恰当的表达方法。

单元目标：

1. 理解基本视图的形成及投影规律。
2. 掌握剖视图、断面图的画法。
3. 掌握局部放大图和简化画法。
4. 熟悉读剖视图的方法和步骤。

第一节　视图

用正投影法将机件向投影面投射所得的图形称为视图。视图主要用于表达机件的外部结构形状，一般只画出机件的可见部分，其不可见部分用虚线表示，必要时虚线可以省略不画。视图可分为基本视图、向视图、局部视图和斜视图。

一、基本视图

在原有三个投影面的基础上，再增设三个投影面，构成一个正六面体，这六个面称为基本投影面。将机件放在正六面体内，分别向各基本投影面投射，所得到的六个视图称为基本视图。除了前面已经介绍过的主、俯、左视图外，还有从右向左投射所得的右视图，从下向上投射所得的仰视图和从后向前投射所得的后视图。

六个基本投影面的展开如图6-1所示。

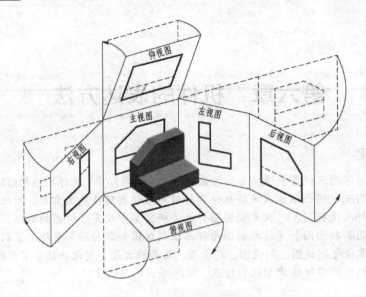

图 6-1 六个基本投影面的展开

六个基本投影面的配置关系如图 6-2 所示。

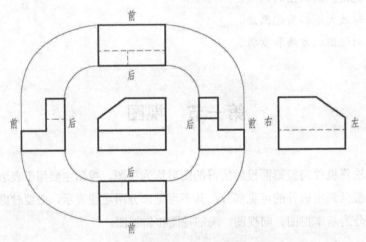

图 6-2 六个基本投影面的配置关系

六个基本视图若在同一张图纸上，按图 6-2 所示的规定位置配置视图时，一律不标注视图名称。

图 6-2 中的六个基本视图之间，仍保持"长对正、高平齐、宽相等"的投影关系。除后视图外，各视图靠近主视图的一侧均表示机件的后面；各视图远离主视图的一侧均表示机件的前面。

二、向视图

向视图是可以自由配置的视图。为了合理地利用图纸的幅面，基本视图可以不按投影关系配置。这时，可以用向视图来表示，如图 6-3 所示。

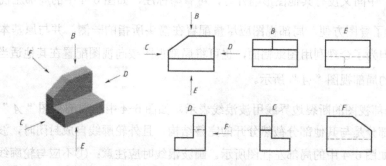

图 6-3　向视图的配置与标注

为了便于读图，按向视图配置的视图必须进行标注，即在向视图的上方正中位置标注
"**X**"（**X** 为大写的拉丁字母），在相应的视图附近用箭头指明投影方向，并标注相同的字母，
如图 6-3 所示。

三、局部视图

将机件的某一部分向基本投影面投射所得的视图，称为局部视图。

局部视图是一个不完整的基本视图，当机件上的某一局部形状没有表达清楚，而又没
有必要用一个完整的基本视图表达时，可将这一部分单独向基本投影面投射，表达机件上
局部结构的外形，避免因表达局部结构而重复画出别的视图上已经表达清楚的结构。利用
局部视图可以减少基本视图的数量。如图 6-4 所示，机件左侧凸台和右上角缺口的形状，
在主、俯视图上无法表达清楚，又没有必要画出完整的左视图和右视图，此时可用局部视
图表示两处的特征形状。

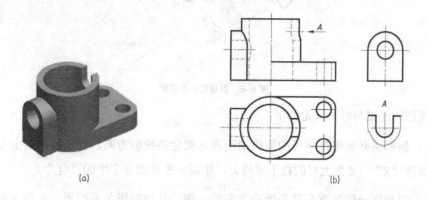

图 6-4　局部视图的配置与标注
（a）直观图；（b）局部视图

局部视图的配置与标注规定如下：

（1）局部视图上方标出视图名称"**X**"（**X** 为大写的拉丁字母），在相应的视图附近

用箭头指明投影方向，并标注相同的字母，如图6-4中的局部视图所示。当局部视图按投影关系配置，中间又没有其他图形隔开时，可省略标注，如图6-4中的局部左视图所示。

（2）为了看图方便，局部视图应尽量配置在箭头所指的一侧，并与原基本视图保持投影关系。但为了合理利用图纸幅面，也可将局部视图按向视图配置在其他适当的位置，如图6-4中的局部视图"A"所示。

（3）局部视图的断裂边界线用波浪线表示，如图6-4中的局部视图"A"所示。但当所表达的部分是与其他部分截然分开的完整结构，且外轮廓线自成封闭时，波浪线可以省略不画，如图6-4中的局部左视图所示。画波浪线时应注意：①不应与轮廓线重合或画在其他轮廓线的延长线上；②不应超出机件的轮廓线；③不应穿空而过。

四、斜视图

将机件向不平行于基本投影面的平面投射所得的视图，称为斜视图。

当机件上某部分的倾斜结构不平行于任何基本投影面时，在基本视图中不能反映该部分的实形。这时，可增设一个新的辅助投影面，使其与机件的倾斜部分平行，且垂直于某一个基本投影面，如图6-5中的平面P。然后，将机件上的倾斜部分向新的辅助投影面投射，再将新投影面按箭头所指方向，旋转到与其垂直的基本投影面重合的位置，即可得到反映该部分实形的视图。

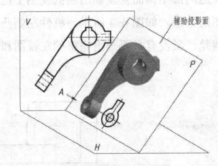

图6-5　斜视图的直观图

斜视图的配置与标注规定如下：

（1）斜视图必须用带字母的箭头指明表达部位的投影方向，并在斜视图上方用相同的字母标注"X"（X为大写的拉丁字母），如图6-6和图6-7中的"A"。

（2）斜视图一般配置在箭头所指方向的一侧，且按投影关系配置，如图6-6中的斜视图"A"。有时为了合理地利用图纸幅面，也可将斜视图按向视图配置在其他适当的位置，或在不至于引起误解时，将倾斜的图形旋转到水平位置配置，以便于作图。此时，应标注旋转符号，如图6-7所示，表示该视图名称的大写拉丁字母应靠近旋转符号的箭头端。

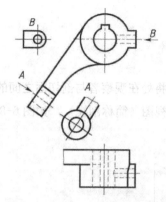

图 6-6　斜视图和局部视图（一）

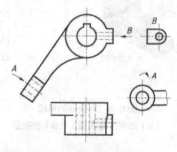

图 6-7　斜视图和局部视图（二）

旋转符号用半圆形细实线画出，其半径等于字体的高度，线宽为字体高度的 1/10 或 1/14，箭头按尺寸线的终端形式画出。

（3）斜视图一般只表达倾斜部分的局部形状，其余部分不必全部画出，可用波浪线断开，如图 6-6 和图 6-7 中的局部斜视图 "*A*"。

在同一张图纸上，按投影关系配置的斜视图和按向视图且旋转放正配置的斜视图，画图时只能画出其中之一，分别见图 6-6 和图 6-7。

第二节　剖视图

用视图表达机件的内部结构时，图中会出现许多虚线，这影响了图形的清晰性，既不利于看图，又不利于标注尺寸。为此，国家标准规定用 "剖视" 的方法来解决机件内部结构的表达问题。

一、剖视图的概念

（一）剖视图的形成

假想用剖切面剖开机件，将处在观察者与剖切面之间的部分移去，而将其余部分向投影面投射所得的图形，称为剖视图（简称剖视），如图 6-8 所示。

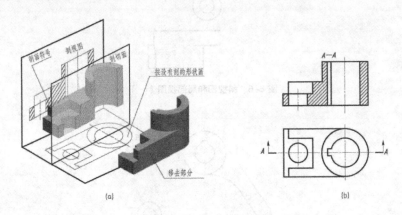

图 6-8　剖视图的形成
（a）剖视的直观图；（b）剖视图

（二）剖面符号

在剖视图中，被剖切面剖切到的部分，称为剖面。为了在剖视图上区分剖面和其他表面，应在剖面上画出剖面符号（也称剖面线）。机件的材料不相同，采用的剖面符号也不相同。

画金属材料的剖面符号时，应遵守下列规定：

（1）同一机件的零件图中，剖视图、剖面图的剖面符号，应画成间隔相等、方向相同且为与水平方向成 45°（向左、向右倾斜均可）的细实线，如图 6-9（a）所示。

（2）当图形的主要轮廓线与水平线成 45° 时，该图形的剖面线应画成与水平成 30° 或 60° 的平行线，其倾斜方向仍与其他图形的剖面线一致，如图 6-9（b）所示。

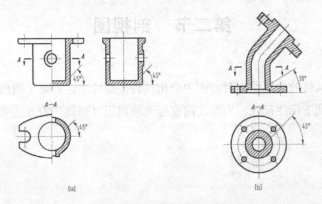

图 6-9　金属材料的剖面线画法

（三）画剖视图应注意的问题

（1）画剖视图时，剖切机件是假想的，并不是把机件真正切掉一部分。因此，当机件的某一视图画成剖视图后，其他视图仍应按完整的机件画出，不应出现图6-10中俯视图只画出一半的错误。

（2）剖切平面应通过机件上的对称平面或孔、槽的中心线并应平行于某一基本投影面。

（3）剖切平面后方的可见轮廓线应全部画出，不能遗漏。图6-10中主视图上漏画了后一半可见部分的轮廓线。同样，剖切平面前方被切去部分的可见轮廓线也不应画出，图6-10中主视图多画了已剖去部分的轮廓线。

（4）剖视图上一般不画不可见部分的轮廓线。当需要在剖视图上表达这些结构，又能减少视图数量时，允许画出必要的虚线。

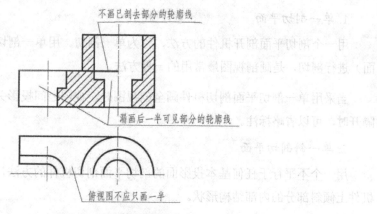

图6-10　剖视图的错误画法

（四）剖视图的标注

为了便于看图，在画剖视图时，应将剖切位置、剖切后的投影方向和剖视图的名称标注在相应的视图上。

1.剖切位置

用线宽（1～1.5）d（d为线宽单位）、长5～10mm的粗实线（粗短画）表示剖切面的起讫和转折位置，如图6-8（b）、图6-9所示。

2.投影方向

在表示剖切平面起讫的粗短画外侧画出与其垂直的箭头，表示剖切后的投影方向，如图6-8（b）、图6-9中所示。

3.剖视图名称

在表示剖切平面起讫和转折位置的粗短画外侧写上相同的大写拉丁字母"X"，并在相应的剖视图上方正中位置用同样的字母标注出剖视图的名称"X—X"，字母一律按水平位置书写，字头朝上，如图 6-8（b）、图 6-9 所示。在同一张图纸上，同时有几个剖视图时，其名称应按顺序编写，不得重复。

二、剖视图的种类

根据机件内部结构表达的需要以及剖切范围的大小，剖视图可分为全剖视图、半剖视图和局部剖视图。

（一）全剖视图

用剖切平面（一个或几个）完全地剖开机件所得的剖视图，称为全剖视图。当不对称机件的外形比较简单，或外形已在其他视图上表达清楚，而内部结构形状复杂时，常采用全剖视图表达机件内部的结构形状。

1. 单一剖切平面

用一个剖切平面剖开机件的方法，称为单一剖切。用单一剖切平面（平行于基本投影面）进行剖切，是画剖视图最常用的一种方法。

当采用单一剖切平面剖切机件画全剖视图时，视图之间投影关系明确，没有任何图形隔开时，可以省略标注。

2. 单一斜剖切平面

用一个不平行于任何基本投影面的剖切平面剖切机件的方法，称为斜剖。常用来表达机件上倾斜部分的内部结构形状。

画这种斜剖视图时，一般应按投影关系将剖视图配置在箭头所指一侧的对应位置。在不致引起误解的情况下，允许将图形旋转。旋转后的图形要在其上方标注旋转符号（画法同斜视图）。斜剖视图必须标注剖切位置符号和表示投影方向的箭头。

3. 几个平行的剖切平面

用几个平行的剖切平面剖开机件的方法，称为阶梯剖，如图 6-11 所示。阶梯剖用于表达用单一剖切平面不能表达的机件。

用阶梯剖的方法画剖视图时，由于剖切是假想的，应将几个相互平行的剖切面当作一个剖切平面，但在视图中标注转折的剖切位置符号时必须相互垂直，转折处的剖切符号和字母必须标注。当视图之间投影关系明确，没有任何图形隔开时，可以省略标注箭头，如图 6-11（b）所示。

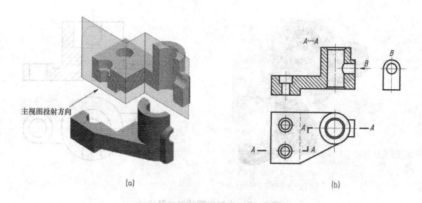

图 6-11 阶梯剖视图的形成及标注
（a）阶梯剖视的直观图；（b）阶梯剖视图及正确标注

4. 几个相交的剖切平面

用两个相交的剖切平面（交线垂直于某一投影面）剖开机件的方法，称为旋转剖，如图 6-12 所示。当用单一剖切平面不能完全表达机件的内部结构时，可采用旋转剖。

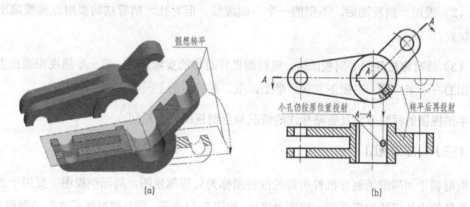

图 6-12 旋转剖视图的形成及标注
（a）旋转剖视的直观图；（b）旋转剖视图及正确标注

用旋转剖的方法画剖视图时，两相交剖切平面的交线应与机件上的回转轴线重合并同时垂直于某一投影面。画图时应先剖切后旋转，将倾斜结构旋转到与某一投影面平行的位置再投射，以反映被剖切内部结构的实形，在剖切平面后的其他结构仍按原来的位置投射，如图 6-12（b）中的小孔。

（二）半剖视图

当机件具有对称平面，向垂直于机件对称平面的投影面上投射所得的图形，以对称线为界，一半画成剖视图，一半画成视图，这种组合的图形称为半剖视图，如图 6-13 所示。半剖视图适用于内、外形状都需要表达的对称机件或基本对称的机件。

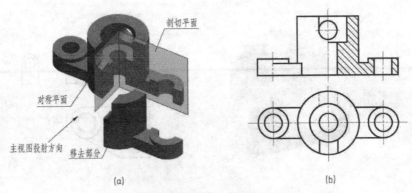

图 6-13　半剖视图的形成及标注

（a）半剖视的剖切过程；（b）半剖视图

画半剖视图时应注意如下问题：

（1）半个视图与半个剖视图的分界线应以细点画线为界，不能画成其他图线，更不能理解为机件被两个相互垂直的剖切面共同剖切将其画成粗实线。

（2）采用半剖视图后，不剖的一半不画虚线，但对孔、槽等结构要用点画线画出其中心位置。

（3）画对称机件的半剖视图时，应根据机件对称的实际情况，将一半剖视图画在主、俯视图的右一半，俯、左视图的前一半上，主、左视图的上一半。

半剖视图的标注方法及省略标注的情况与全剖视图完全相同。

（三）局部剖视图

用剖切平面局部地剖开机件所得的剖视图称为局部剖视图，局部剖视图主要用于当不对称机件的内外形状均需在同一视图上表达，如图6-14所示。当对称机件不宜作半剖视 [见图6-15（a）] 或机件的轮廓线与对称中心线重合，无法以对称中心线为界画成半剖视图时 [见图6-15（b）～（d）] 可采用局部剖视图。当实心机件上有孔、凹坑和键槽等局部结构时，也常用局部剖视图表达。

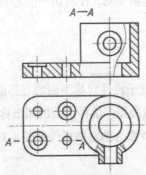

图 6-14　局部剖视图（一）

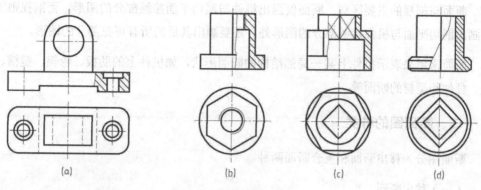

图 6-15　局部剖视图（二）

在一个视图上，局部剖的次数不宜过多，否则会使机件显得支离破碎，影响图形的清晰性和形体的完整性。

画局部剖视图应注意的问题如下：

（1）局部剖视图中，视图与剖视图部分之间应以波浪线为分界线，画波浪线时，且不应超出视图的轮廓线，应与轮廓线重合或在其轮廓线的延长线上，不应穿空而过。

（2）必要时，允许在剖视图中再作一次简单的局部剖视，但应注意用波浪线分开，剖面线同方向、同间隔错开画出。

当单一剖切平面的位置明显时，局部剖视图可省略标注。但当剖切位置不明显或局部剖视图未按投影关系配置时，则必须加以标注。

第三节　断面图

一、断面图的概念

假想用剖切平面将机件的某处切断，仅画出该剖切面与机件接触部分的图形，这种图形称为断面图（简称断面），如图 6-16 所示。

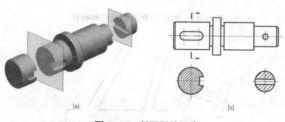

图 6-16　断面图的概念
（a）直观图；（b）断面图

断面与剖视的主要区别：断面仅画出机件与剖切平面接触部分的图形，而剖视则除需要画出剖切平面与机件接触部分的图形外，还要画出其后的所有可见部分的图形。

断面常用来表示机件上某一局部结构的断面形状，如机件上的肋板、轮辐、键槽、小孔、杆件和型材的断面等。

二、断面图的种类

断面图分为移出断面和重合断面两种。

（一）移出断面

画在视图之外的断面，称为移出断面，如图 6-16 所示。

1. 移出断面的画法

（1）移出断面的轮廓用粗实线绘制，并在断面画上剖面符号，如图 6-16 所示。

（2）移出断面应尽量配置在剖切符号的延长线上，如图 6-16 所示。必要时也可画在其他适当位置，如图 6-17 所示的"$A-A$"。

（3）当剖切平面通过由回转面形成的凹坑、孔等轴线或非回转面的孔、槽时，这些结构应按剖视图绘制，如图 6-17 所示。

（4）由两个（或多个）相交的剖切平面剖切得到的移出剖面图，可以画在一起，但中间必须用波浪线隔开，如图 6-18 所示。

（5）当移出断面对称时，可将断面图画在视图的中断处，如图 6-19 所示。

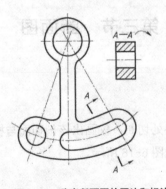

图 6-17　移出断面图的画法和标注

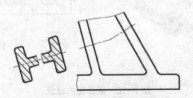

图 6-18　断开的移出断面图

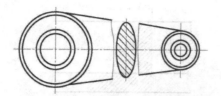

图 6-19　配置在视图中断处的移出断面图

2. 移出断面的标注

移出断面一般应用剖切符号表示剖切位置，用箭头表示投射方向并注上大写的拉丁字母，在断面图上方，用相同的字母标注出相应的名称。

（1）完全标注

不配置在剖切符号的延长线上的不对称移出断面或不按投影关系配置的不对称移出断面，必须标注，如图 6-17 所示的"A—A"。

（2）省略字母

配置在剖切符号的延长线上或按投影关系配置的移出断面，可省略字母，如图 6-16（b）所示的断面。

（3）省略箭头。对称的移出断面和按投影关系配置的断面，可省略表示投影方向的箭头，如图 6-16（b）所示的断面。

（4）不必标注。配置在剖切位置符号延长线上的对称移出断面和配置在视图中断处的对称移出断面以及按投影关系配置的移出断面，均不必标注，分别如图 6-18 和图 6-19 中所示的断面。

（二）重合断面

画在视图之内的断面，称为重合断面，分别如图 6-20 和图 6-21 所示。

1. 重合断面的画法

重合断面的轮廓线用细实线绘制，如图 6-20 和图 6-21 所示。当重合断面轮廓线与视图中的轮廓线重合时，视图的轮廓线仍应连续画出，不可间断，如图 6-20 所示。

2. 重合断面的标注

因为重合断面直接画在视图内的剖切位置上，标注时可省略字母，如图 6-20 所示。不对称的重合断面仍要画出剖切符号，如图 6-20 所示。对称的重合断面可不必标注，如图 6-21 所示。

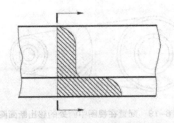

图 6-20　不对称的重合断面图

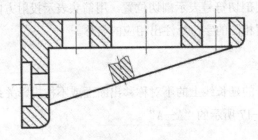

图 6-21　对称的重合断面图

第四节　局部放大图和简化画法

一、局部放大图

当机件上的某些细小结构在视图中不易表达清楚和不便标注尺寸时，可将这些结构用大于原图形所采用的比例画出，这种图形称为局部放大图，如图 6-22 所示。

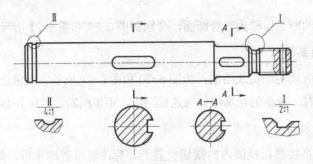

图 6-22　局部放大图

局部放大图可画成视图、剖视图或断面图，它与被放大部分所采用的表达形式无关。局部放大图应尽量配置在被放大部位的附近。

局部放大图必须进行标注，一般应用细实线圈出被放大的部位。当同一机件上有多处被放大的部分时，必须用罗马数字依次标明被放大的部位，并在局部放大图的上方标注出相应的罗马数字和所采用的比例（指放大图中机件要素的线性尺寸与实际机件相应要素的线性尺寸之比，与原图形所采用的比例无关），如图 6-22 所示。

二、简化画法

（1）对于机件上的肋、轮辐及薄壁等，当剖切平面沿纵向剖切时，这些结构上不画剖面符号，而用粗实线将它与其邻接部分分开。当剖切平面按横向剖切时，这些结构仍需画上剖面符号，如图 6-23 所示。

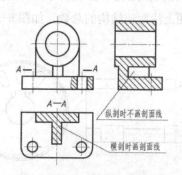

图 6-23　肋板的剖切画法

（2）当需要表达形状为回转体的机件上有均匀分布的肋、轮辐、孔等结构且不处于剖切平面上时，可将这些结构假想旋转到剖切平面上画出，且无须加任何标注，如图 6-24 所示。

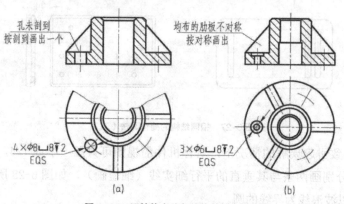

图 6-24　回转体上均匀结构的简化画法

（3）当需要表示剖切平面前已剖去的部分结构时，可用双点画线按假想轮廓画出，如图 6-25 所示。

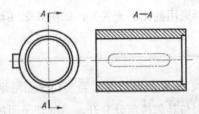

图 6-25　用双点画线表示被剖切掉的机件结构

（4）当机件上具有若干相同的结构（齿或槽等），只需要画出几个完整的结构，其余用细实线连接，但必须在图上注明该结构的总数，如图 6-26 所示。

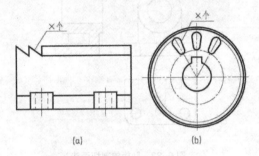

图 6-26　相同结构的简化画法（一）

（5）当机件上具有若干直径相同且成规律分布的孔时，可以仅画出一个或几个，其余用细点画线或"+"表示其中心位置，如图 6-27 所示。

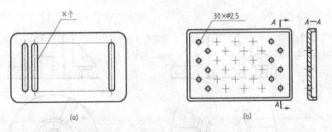

图 6-27　相同结构的简化画法（二）

（6）在不致引起误解的情况下，对称机件的视图可只画一半或 1/4，并在图形对称中心线的两端分别画两条与其垂直的平行细实线（细短画），如图 6-28 所示。也可画出略大于一半并以波浪线为界线的圆。

图 6-28　对称结构的简化画法

（7）机件上对称结构的局部视图，可按图 6-29 所示的方法绘制。

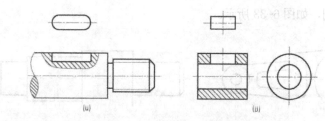

图 6-29　对称结构的局部视图

（8）机件上较小结构所产生的交线（截交线、相贯线），如在一个视图中已表达清楚，可在其他图形中简化或省略，如图 6-29 和图 6-30 所示。

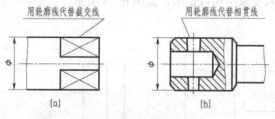

图 6-30　小结构交线的简化画法

（9）相贯线的简化画法可按图 6-31 所示的方法画出，但当使用简化画法影响对图形的理解时，则应避免使用。

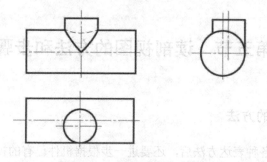

图 6-31　相贯线的简化画法

（10）为了避免增加视图、剖视、断面图，可用细实线绘出对角线表示平面，如图 6-32 所示。

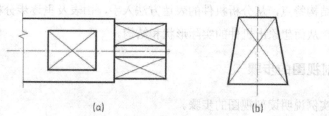

图 6-32　用对角线表示平面
（a）轴上的矩形平面画法；（b）锥形平面画法

（11）当较长的机件（轴、型材、连杆等）沿长度方向形状一致，或按一定规律变化时，可断开后绘制，如图 6-33 所示。

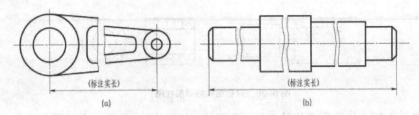

图 6-33　较长机件的折断画法

（12）除确系需要表示的圆角、倒角外，其他圆角、倒角在零件图上均可不画，但必须注明尺寸，或在技术要求中加以说明，如图 6-34 所示。

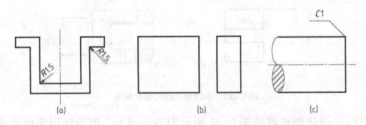

图 6-34　小倒圆、小圆角、小倒角的简化画法和标注
（a）小倒圆；　（b）锐边倒圆 R0.5；　（c）小倒角

第五节　读剖视图的方法和步骤

一、读剖视图的方法

在掌握了机件的各种表达方法后，还要进一步根据机件已有的视图、剖视、断面等表达方法，分析、了解剖切关系及表达意图，从而想象出机件的内部形状和结构，即读剖视图。要想很快地读懂剖视图，首先应具有读组合体视图的能力，其次应熟悉各种视图、剖视、断面及其表达方法的规则、标注与规定。读图时以形体分析法为主、线面分析法为辅，并根据机件的结构特点，从分析机件的表达方法入手，由表及里逐步分析和了解机件的内外形状与结构，从而想象出机件的实际形状和结构。

二、读剖视图的步骤

下面通过实例说明读剖视图的步骤。

图 6-35 所示为一箱体的剖视图，读剖视图的步骤具体如下：

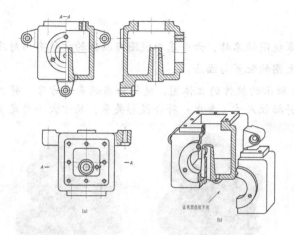

图 6-35　箱体　（a）视图；（b）直观图

（一）分析所采用的表达方法，了解机件的大致形状

箱体采用了三个基本视图。因为箱体左右基本对称，主视图采用了半剖视，一半表达箱体主体的外形和前方圆形凸台及三个支承板的形状特征，一半表达箱体的内部结构。因为箱体前后不对称，左视图采用了全剖视，进一步表达箱体内部的结构形状。俯视图主要表达箱体的外形和顶面上的九个螺孔的相对位置以及空腔内部圆锥台和外部三个支承板前后的相对位置，只用了局部剖视表达安装孔的阶梯形状。

（二）以形体分析法为主，看懂机件的主体结构形状

从三个视图的投影可以看出，箱体的主体是一个具有空腔的长方体，上方有一正方形凸台，并有正方形孔与空腔相通；主体前面有一圆形凸台，并有孔与空腔相通；空腔内部有一竖直的圆锥台，圆锥台中有一上下的通孔。在主视图上可以看到，箱体上方有左右对称的两个支承板，下方也有一个与其形状相同的支承板。根据主、俯、左三个视图的对应关系能看出，三个支承板在后表面都是平齐的。

（三）看懂各个细部结构，想象机件的整体形状

在俯视图上采用了两个互相平行的剖切平面进行剖切，根据剖切位置和各视图的对应关系，可以看到在主视图上表达了箱体上方凸台上的螺孔和下方右侧的小孔。左视图上表达了箱体前方凸台上的螺孔和空腔内部圆锥台前方的小孔（相贯线采用了简化画法）及其位置。同时，在俯、左视图上能看出用简化画法表达了箱体上方和前方均匀分布的螺孔的位置。

通过逐步分析，综合起来思考就能看懂剖视图，进而想象出箱体的真实形状。

思考题

1. 简述六个基本视图的名称，六个基本视图与物体的方位有何对应关系。

2. 简述局部放大图的配置与画法。

3. 根据图6-36所示的机件的立体图，选择恰当的表达方案，将机件的内部结构和外部形状表达清楚，并标注尺寸（要求：符合投影关系，尺寸大小自定）。

图6-36　机件立体图

第七章 标准件和常用件

单元导读:

标准件指国家标准对其结构、尺寸或某些参数、技术要求、画法等做了统一规定的零（部）件，它们在多种机器中被广泛地应用。常见的有螺栓、螺柱、螺钉、螺母、垫圈、键、销和滚动轴承等，它们在机器中分别起连接、传递动力、定位和支承轴转动等作用；常用件指结构较为定形，但其结构尺寸仅部分标准化的零件，常见的有齿轮、弹簧等。本章主要内容包括标准件与常用件的结构、画法和标记方法。

单元目标:

1. 熟练掌握螺纹及螺纹紧固件等标准件的规定标记及查阅标准的方法。
2. 掌握螺纹紧固件的连接画法，键连接、销连接、齿轮啮合的画法及滚动轴承和弹簧的规定画法。

第一节 螺纹

螺纹是零件上常见的一种结构。螺纹是在圆柱或圆锥表面上，具有相同牙型、沿螺旋线连续凸起的牙体。

螺纹分为外螺纹和内螺纹两种，成对使用。在圆柱或圆锥外表面上所形成的螺纹，称为外螺纹；在圆柱或圆锥内表面上所形成的螺纹，称为内螺纹。

工业上有许多种螺纹加工方法，各种螺纹都是根据螺旋线原理加工而成的。螺纹的加工方法：将工件装夹在与车床主轴相连的卡盘上，使它随主轴等速旋转，同时车刀沿轴向等速移动，当刀尖切入一定深度时，即可加工出螺纹。

一、螺纹的种类和要素

（一）螺纹的种类

凡是螺纹牙型、直径和螺距都符合国家标准的螺纹称为标准螺纹。牙型符合标准，公称直径或螺距不符合国家标准的，称为特殊螺纹。牙型不符合国家标准的称为非标准螺纹。外螺纹和内螺纹总是成对出现，而且只有当它们的五个要素都相同时，内、外螺纹才能相互旋合，从而实现零件间的连接和传动。

螺纹按用途可分为连接螺纹和传动螺纹两大类。

常见的连接螺纹有粗牙普通螺纹、细牙普通螺纹和管螺纹三种。连接螺纹的共同特点是牙型皆为三角形。

传动螺纹是用来传递动力和运动的，常用的是梯形螺纹，有时也用锯齿形螺纹。

（二）螺纹的要素

1. 牙型

在通过螺纹轴线的剖面上，螺纹的轮廓形状称为牙型。

螺纹表面可分为凸起和沟槽两部分。其凸起部分称为螺纹的牙，凸起的顶端称为螺纹的牙顶，沟槽的底部称为螺纹的牙底。

2. 螺纹直径

（1）大径

和外螺纹的牙顶、内螺纹的牙底相重合的假想柱面的直径。外螺纹的大径用 d 表示，内螺纹的大径用 D 表示。

（2）小径

和外螺纹的牙底、内螺纹的牙顶相重合的假想柱面的直径。外螺纹的小径用 d_1 表示，内螺纹的小径用 D_1 表示。

在大径和小径之间，设想有一柱面在其轴剖面内，该柱面素线上的牙宽和槽宽相等，则该假想柱面的直径称为中径，用 $d_2(D_2)$ 表示，如图 7-1 所示。

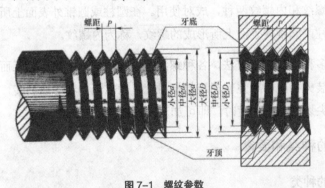

图 7-1　螺纹参数

3. 线数

形成螺纹螺旋线的条数称为线数。螺纹有单线螺纹和多线螺纹之分，多线螺纹在垂直于轴线的剖面内是均匀分布的，如图 7-2 所示。

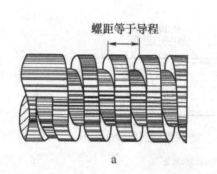
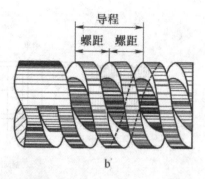

图 7-2　螺纹的线数
a. 单线螺纹；b. 双线螺纹

4. 螺距和导程

相邻两牙在中径线上对应两点轴向的距离称为螺距。同一条螺旋线上，线上对应两点轴向的距离称为导程。螺纹的螺距和导程如图 7-2 所示。

线数 n、螺距 P、导程 Ph 之间的关系为：

$$Ph = nP$$

5. 旋向

螺纹有右旋和左旋之分，顺时针旋入的螺纹为右旋螺纹，逆时针旋入的螺纹为左旋螺纹。螺纹的旋向判断是面对轴线竖直的外螺纹，螺纹自左向右上升的为右旋，反之为左旋。实际中的螺纹绝大部分为右旋。

二、螺纹的规定画法

（一）外螺纹的规定画法

如图 7-3a 所示，外螺纹的牙顶用粗实线表示，牙底用细实线表示。在不反映圆的视图上，倒角应画出，牙底的细实线应画入倒角，螺纹终止线用粗实线表示。螺尾部分不必画出，当需要表示时，该部分用与轴线成 15° 的细实线画出。在比例画法中，螺纹的小径可按大径的 0.85 倍绘制。在反映圆的视图上，小径用约 3/4 圆的细实线圆弧表示，倒角圆不画。外螺纹的规定画法和错误画法如图 7-3 所示。

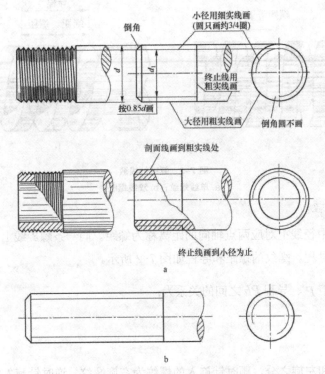

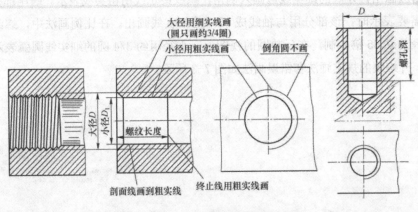

图 7-3　外螺纹的规定画法和错误画法
a. 外螺纹规定画法；b. 外螺纹常见错误画法

（二）内螺纹的规定画法

在采用剖视图时，内螺纹的牙顶用细实线表示，牙底用粗实线表示。在反映圆的视图上，大径用约 3/4 圆的细实线圆弧表示，倒角圆不画。若为盲孔，采用比例画法时，终止线到孔末端的距离可按 0.5 倍的大径绘制，钻孔时末端形成的锥面的锥角按 120° 绘制。需要注意的是，剖面线应画到粗实线为止。其余要求同外螺纹，内螺纹规定画法如图 7-4 所示。

图 7-4　内螺纹的规定画法

（三）螺纹收尾及螺纹中相贯线的画法

螺纹收尾、螺纹中相贯线的画法如图 7-5 所示。

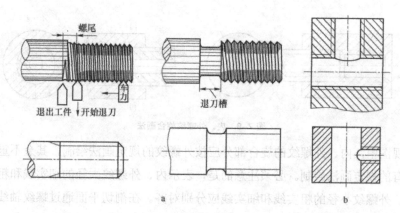

图 7-5　螺纹收尾、螺纹中相贯线的画法
a. 螺纹收尾；b. 螺纹中的相贯线

（四）锥螺纹的画法

锥螺纹的画法如图 7-6 所示。

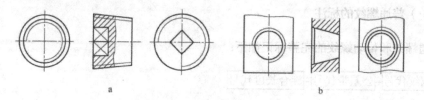

图 7-6　锥螺纹的画法
a. 外螺纹；b. 内螺纹

（五）非标准螺纹的画法

非标准螺纹的画法如图 7-7 所示，在图中要详细地说明螺纹的牙型尺寸。

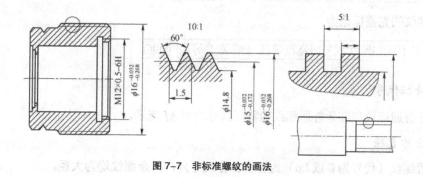

图 7-7　非标准螺纹的画法

（六）内、外螺纹连接的规定画法

螺纹要素全部相同的内、外螺纹才能形成连接，其画法如图 7-8 所示。

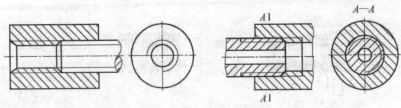

图 7-8　内、外螺纹旋合画法

在剖视图中，内、外螺纹的旋合部分应按外螺纹的规定画法绘制，其余不重合的部分按各自原有的规定画法绘制。必须注意的是，表示内、外螺纹大径的细实线和粗实线，以及表示内、外螺纹小径的粗实线和细实线应分别对齐。在剖切平面通过螺纹轴线的剖视图中，实心螺杆按不剖绘制。

三、常用螺纹的种类和标注

螺纹的种类很多，但规定画法却相同，在图上对标准螺纹只能用螺纹代号或标记来区别它们的不同。普通螺纹、梯形螺纹及管螺纹的标注方法如下：

（一）普通螺纹的标注

普通螺纹和传动螺纹的完整标记如下：

$$\boxed{螺纹代号}\boxed{公差带代号}\boxed{旋合长度代号}$$

其中螺纹代号的内容和格式为：

$$\boxed{特征代号}\boxed{公称直径}\times\boxed{螺距（单线）旋向}$$

或

$$\boxed{特征代号}\boxed{公称直径}\times\boxed{导程（螺距）（多线）旋向}$$

管螺纹的完整标记为：

$$\boxed{特征代号}\boxed{尺寸代号}\times\boxed{公差带代号或公差等级}\ \boxed{旋向}$$

1. 特征代号

粗牙普通螺纹和细牙普通螺纹的特征代号均用 M 表示。

2. 公称直径

除管螺纹（代号为 G 或 Rp）为管子公称尺寸外，其余螺纹均为大径。

3. 导程（螺距）

单线螺纹只标导程即可（螺距与之相同），多线螺纹导程、螺距均须标出。粗牙普通螺纹的螺距已标准化，查表即可，不标注。

4. 旋向

当为右旋时，不标注；当为左旋时要标注" LH "。

5. 公差带代号

由公差等级代号和基本偏差代号组成。

螺纹副（内、外螺纹旋合在一起）标记中的内外螺纹公差带代号用斜线分开，斜线前后分别表示内外螺纹公差带代号，如M20×2-6H/6g。

6. 旋合长度代号

旋合长度是指内外螺纹旋合在一起的有效长度，普通螺纹的旋合长度分为三组，分别称为短旋合长度、中旋合长度和长旋合长度，相应代号为 S 、 N 、 L 。相应的长度可根据螺纹公称直径及螺距从标准中查出。当为中旋合长度时， N 不标注。

7. 普通螺纹精度等级

根据螺纹的公差带和短、中、长三组旋合长度，螺纹的精度又分为精密级、中等级和粗糙级三种。在一般情况下多采用中等级。

公称直径以毫米为单位的螺纹，其标记应直接注在大径的尺寸线上，或注在其引出线上。

（二）梯形螺纹的标注

梯形螺纹的完整标注内容和格式为：

| 螺纹代号 | 中径公差带代号 | 旋合长度代号 |

其中螺纹代号内容：Tr公称直径 × 导程（螺距）旋向

第二节　键、销连接

键通常用于连接轴和装在轴上的齿轮、带轮等传动零件，起传递转矩的作用，如图7-9所示。

键是标准件，常用的键有普通平键、半圆键和钩头楔键等，本节主要介绍应用最多的A型普通平键及其画法。

一、普通平键连接

普通平键的公称尺寸为 $b \times h$（键宽 × 键高），可根据轴的直径在相应的标准中查得。

普通平键的规定标记为键宽 $b \times$ 键高 $h \times$ 键长 L。例如，$b = 18\text{mm}$，$h = 11\text{mm}$，$L = 100\text{mm}$ 的圆头普通平键（A 型），应标记为：键 $18 \times 11 \times 100\text{GB}/\text{T}1096 - 2003$（A 型可不标出"A"）。

图 7-9a 和图 7-9b 所示为轴和轮毂上键槽的表示法和尺寸注法（未注尺寸数字）。图 7-9c 所示为普通平键连接的装配图画法。

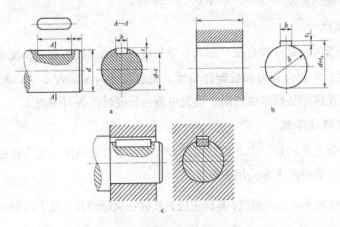

图 7-9 普通平键连接
a. 轴上的键槽；b. 轮毂上的键槽；c. 键连接画法

二、花键连接

花键连接的特点是键和键槽制成一体，如图 7-10 所示，适用于载荷较大和定心精度较高的连接。花键分为矩形花键和渐开线花键等，其中矩形花键应用得较为广泛。矩形花键的优点是：定心精度高、定心稳定性好、便于加工制造。

图 7-10 花键连接

花键是一种常用的标准结构，其结构和尺寸都已经标准化。矩形花键的基本参数包括键数 N、小径 d、大径 D 和键宽 B。

（一）花键的规定画法

1. 外花键

在平行于花键轴线的投影面的视图中，花键大径用粗实线绘制，小径用细实线绘制。花键工作长度的终止端和尾部长度的末端均用细实线绘制，并与轴线垂直，尾部则画成斜线，其倾斜角一般与轴线成 30°（必要时，可按实际情况画出），并在图形中标注出花键的工作长度 L，如图 7-11a 所示；用断面图画出全部齿形或一部分齿形，并在图中分别标注出小径 d、大径 D、键宽 B 和键数 N，如图 7-11b 和图 7-11c 所示。

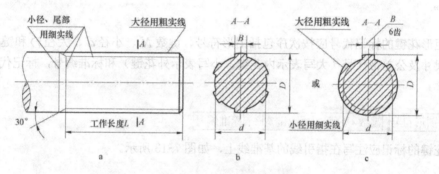

图 7-11　外花键的画法

2. 内花键

在平行于花键轴线的投影面的剖视图中，花键大径及小径均用粗实线绘制，键齿按不剖处理，如图 7-12a 所示；用局部视图画出全部齿形或一部分齿形，并在图形中分别标出小径 d、大径 D、键宽 B 和键数 N，如图 7-12b 和图 7-12c 所示。

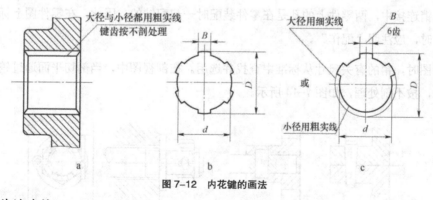

图 7-12　内花键的画法

3. 花键连接

在装配图中，花键连接用剖视图表示，其连接部分按外花键的画法绘制，如图 7-13 所示。

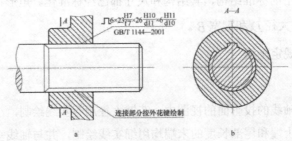

图 7-13 花键连接的画法

（二）花键的标记

花键类型用图形符号表示，矩形花键的图形符号为"⊓"，渐开线花键的图形符号为
"⌣"。

矩形花键的标记代号应按次序包括图形符号、键数 N、小径 d、大径 D 和键宽 B，
公称尺寸及公差带代号（大写表示内花键、小写表示外花键）和标准编号，标记代号的格
式为：

| 图形符号 | 键数×小径×大径×键宽 | | 标准编号 |

花键的标记应注写在指引线的基准线上，如图 7-13 所示。

三、销连接

销通常用于零件之间的连接、定位和防松，常见的有圆柱销、圆锥销和开口销等，它
们都是标准件。圆柱销和圆锥销可以连接零件，也可以起定位作用（限定两零件间的相对
位置），如图 7-14a 和图 7-14b 所示。开口销常用在螺纹连接的装置中，以防止螺母的松
动，如图 7-14c 所示。

在销连接中，两零件上的孔是在零件装配时一起配钻的。因此，在零件图上标注销孔
的尺寸时，应注明"配作"。

绘图时，销的有关尺寸从标准中查找并选用。在剖视图中，当剖切平面通过销的回转
轴线时，按不剖处理，如图 7-14 所示。

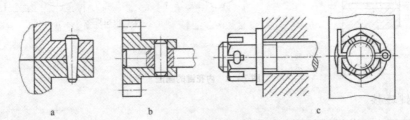

图 7-14 销连接的画法
a.圆锥销连接的画法；b.圆柱销连接的画法；c.开口销连接的画法

第三节　齿轮

齿轮是用于机器中传递动力、改变旋向和改变转速的传动件。根据两啮合齿轮轴线在空间的相对位置不同，常见的齿轮传动可分为三种形式：圆柱齿轮、锥齿轮、蜗杆蜗轮。

一、直齿圆柱齿轮各部分的名称、代号

直齿圆柱齿轮各部分名称和代号如图 7-15a 所示。

（1）齿顶圆：轮齿顶部的圆，直径用 d_a 表示。

（2）齿根圆：轮齿根部的圆，直径用 d_f 表示。

（3）分度圆：齿轮加工时用以轮齿分度的圆，直径用 d 表示。在一对标准齿轮互相啮合时，两齿轮的分度圆应相切。

（4）齿距：在分度圆上，相邻两齿同侧齿廓间的弧长，用 p 表示。

（5）齿厚：一个轮齿在分度圆上的弧长，用 s 表示。

（6）槽宽：一个齿槽在分度圆上的弧长，用 e 表示。在标准齿轮中，齿厚与槽宽各为齿距的一半，即 $s = e = p/2$，$p = s + e$。

（7）齿顶高：分度圆至齿顶圆之间的径向距离，用 h_a 表示。

（8）齿根高：分度圆至齿根圆之间的径向距离，用 h_f 表示。

（9）全齿高：齿顶圆与齿根圆之间的径向距离，用 h 表示，$h = h_a + h_f$。

（10）齿宽：沿齿轮轴线方向测量的轮齿宽度，用 b 表示。

（11）压力角：轮齿在分度圆的啮合点 C 处的受力方向与该点瞬时运动方向之间的夹角，用 α 表示。标准齿轮 $\alpha = 20°$，如图 7-15b 所示。

（12）齿数：一个齿轮的轮齿总数，用 z 表示。

（13）中心距：齿轮副的两轴线之间的最短距离，称为中心距，用 a 表示。

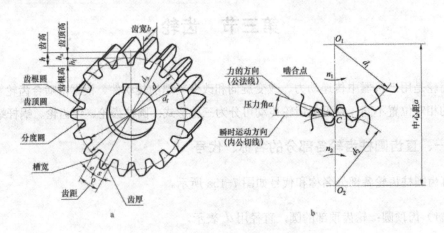

图 7-15　直齿圆柱齿轮各部分名称及代号

二、直齿圆柱齿轮的规定画法

（一）单个圆柱齿轮的画法

如图 7-16a 所示，在端面视图中，齿顶圆用粗实线画出，齿根圆用细实线画出或省略不画，分度圆用细点画线画出。另一视图一般画成全剖视图，而轮齿规定按不剖处理，用粗实线表示齿顶线和齿根线，细点画线表示分度线，如图 7-16b 所示；若不画成剖视图，则齿根线可省略不画。当需要表示轮齿为斜齿（人字齿）时，在外形视图上画出三条与齿线方向一致的细实线表示，如图 7-16c 所示。

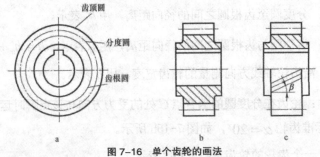

图 7-16　单个齿轮的画法

（二）圆柱齿轮的啮合画法

如图 7-17a 所示，在表示齿轮端面的视图中，齿根圆可省略不画，啮合区的齿顶圆均用粗实线绘制。啮合区的齿顶圆也可省略不画，但相切的分度圆必须用细点画线画出，如图 7-17b 所示。若不作剖视，则啮合区内的齿顶线不画，此时相切的分度线用粗实线绘制，如图 7-17c 所示。

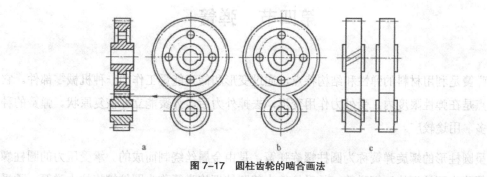

图 7-17　圆柱齿轮的啮合画法

在剖视图中，啮合区的投影如图 7-18 所示，一个齿轮的齿顶线与另一个齿轮的齿根线之间有 0.25mm 的间隙，被遮挡的齿顶线用细虚线画出，也可省略不画。

直齿圆柱齿轮的零件图如图 7-19 所示。

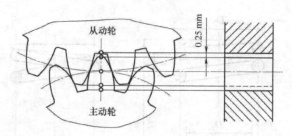

图 7-18　轮齿啮合区在剖视图上的画法

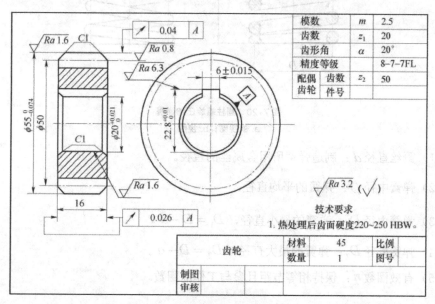

模数	m	2.5
齿数	z_1	20
齿形角	α	20°
精度等级		8-7-7FL
配偶齿轮	齿数 z_2	50
	件号	

技术要求
1. 热处理后齿面硬度220~250 HBW。

齿轮	材料	45	比例	
	数量	1	图号	
制图				
审核				

图 7-19　直齿圆柱齿轮的零件图

第四节　弹簧

　　弹簧是利用材料的弹性和结构特点，通过变形和储存能量工作的一种机械零部件。它的特点是在弹性限度内，受外力作用变形，去掉外力后，弹簧能立即恢复原状。弹簧的种类很多，用途较广。

　　呈圆柱形的螺旋弹簧称为圆柱螺旋弹簧，是由金属丝绕制而成的。承受压力的圆柱螺旋弹簧称为圆柱螺旋压缩弹簧。承受拉伸力的圆柱螺旋弹簧称为圆柱螺旋拉力弹簧。承受扭力矩的圆柱螺旋弹簧称为圆柱螺旋扭力弹簧。

一、圆柱螺旋压缩弹簧各部分名称及代号

　　圆柱螺旋压缩弹簧（图 7-20）的各部分名称及代号如下：

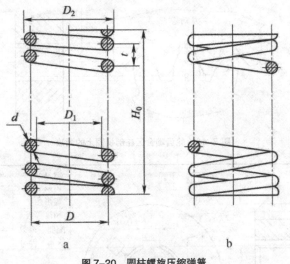

图 7-20　圆柱螺旋压缩弹簧
a. 剖视图；b. 视图

　　（1）簧丝直径 d ：制造弹簧所用金属丝的直径。

　　（2）弹簧中径 D ：弹簧的平均直径。

　　（3）弹簧内径 D_1 ：弹簧的最小直径，$D_1 = D - d$ 。

　　（4）弹簧外径 D_2 ：弹簧的最大直径，$D_2 = D + d$ 。

　　（5）有效圈数 n ：保持相等节距且参与工作的圈数。

　　（6）支承圈数 n_0 ：表示两端支承圈数的总和，一般为 1.5、2、2.5 圈。

　　（7）总圈数 n_1 ：有效圈数和支承圈数的总和。

（8）节距 t：相邻两有效圈上对应点间的轴向距离。

（9）自由高度 H_0：为未受载荷作用时的弹簧高度（或长度），$H_0 = nt + (n_0 - 0.5)d$。

（10）旋向：与螺旋线的旋向意义相同，分为左旋和右旋两种。

二、圆柱螺旋压缩弹簧的画法

（一）规定画法

（1）圆柱螺旋压缩弹簧在平行于轴线的投影面上投影，其各圈的外形轮廓应画成直线。

（2）有效圈在四圈以上的圆柱螺旋压缩弹簧，允许每端只画两圈（不画支承圈），中间各圈可省略不画，只画通过弹簧丝断面中心的两条细点画线。当中间部分省略后，也可适当地缩短图形的长（高）度，如图 7-21 所示。

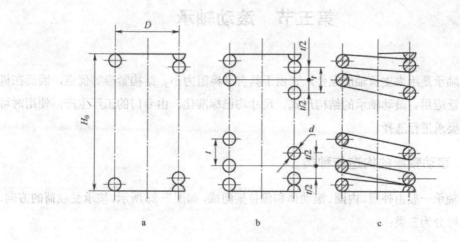

图 7-21 圆柱螺旋压缩弹簧的画图步骤

（二）弹簧在装配图中的画法

（1）弹簧后面被遮挡住的零件轮廓不必画出，如图 7-22a 所示。

（2）弹簧的簧丝直径小于或等于 2mm 时，端面可以涂黑表示，如图 7-22b 所示。也可采用示意画法画出，如图 7-22c 所示。

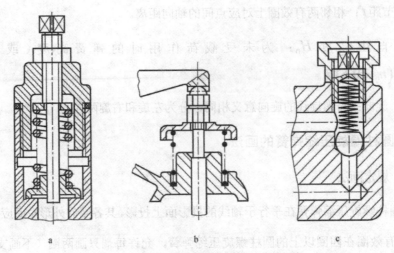

图 7-22　圆柱螺旋压缩弹簧在装配图中的画法

第五节　滚动轴承

　　滚动轴承是用来支承轴的组件，它由于具有摩擦阻力小、结构紧凑等优点，因而在机器中被广泛应用。滚动轴承的结构形式、尺寸均已标准化，由专门的工厂生产，使用时可根据设计要求进行选择。

一、滚动轴承的构造与种类

　　滚动轴承一般由外圈、内圈、滚动体和保持架组成，如图 7-23 所示。按承受载荷的方向，滚动轴承可分为三类：

　　（1）主要承受径向载荷，如图 7-23a 所示的深沟球轴承。

　　（2）主要承受轴向载荷，如图 7-23b 所示的推力球轴承。

　　（3）同时承受径向载荷和轴向载荷，如图 7-23c 所示的圆锥滚子轴承。

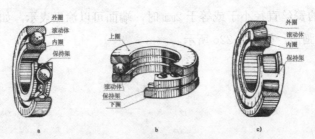

图 7-23　常用滚动轴承的结构

a. 深沟球轴承；b. 推力球轴承；c. 圆锥滚子轴承

二、滚动轴承的代号

滚动轴承基本代号表示轴承的基本类型、结构和尺寸，是滚动轴承代号的基础。基本代号由以下三部分内容组成，即：

类型代号　尺寸系列代号　内径代号

（一）轴承类型代号

滚动轴承类型代号用数字或字母表示，见表 7-1。

表 7-1　轴承类型代号

代号	0	1	2	3	4	5	6	7	8	N	U	QJ
轴承类型	双列角接触球轴承	调心球轴承	调心滚子轴承	推力调心滚子轴承	圆锥滚子轴承	双系列深沟球轴承	推力球轴承	深沟球轴承	角接触球轴承	推力圆柱滚子轴承	圆柱滚子轴承	外球球面轴承	四点接触球轴承

（二）尺寸系列代号

尺寸系列代号由轴承宽（高）度系列代号和直径系列代号组合而成，一般用两位数字（有时省略其中一位）表示。它的主要作用是区别内径相同，而宽度和外径不同的轴承。

三、滚动轴承的画法

在装配图中滚动轴承的轮廓按外径 D、内径 d、宽度 B 等实际尺寸绘制，其余部分用简化画法或用示意画法绘制。在同一图样中，一般只采用其中的一种画法。常用滚动轴承的画法如下：

（一）深沟球轴承 60000

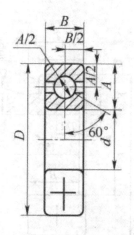

图 7-24　深沟球轴承规定画法

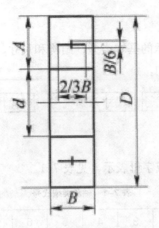

图 7-25　深沟球轴承特征画法

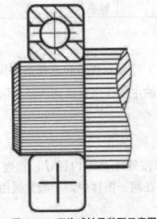

图 7-26　深沟球轴承装配示意图

（二）圆锥滚子轴承 30000

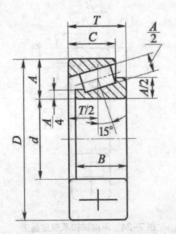

图 7-27　圆锥滚子轴承规定画法

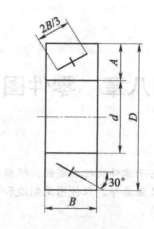

图 7-28　圆锥滚子轴承特征画法

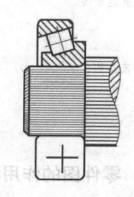

图 7-29　圆锥滚子轴承装配示意图

思考题

1. 螺纹按螺旋方向可分为哪两种类型？简述各自的含义。

2. 简述内螺纹、外螺纹的大径、中径和小径的含义及代号。

3. 如何标注螺纹代号？举例说明。

4. 滚动轴承尺寸系列代号由什么组成？查阅相关标准，解释下列代号的含义。

推力轴承　93

向心轴承　17

5. 解释 6208 和 N2110 滚动轴承内径代号的含义。

6. 简述簧丝直径 d、弹簧外径 D、内径 D_1 和中径 D_2 的含义。

第八章　零件图

单元导读：

　　一台机器或一个部件都是由若干零件装配而成的，根据零件的作用及结构，零件通常分为轴套类、轮盘类、箱体类和叉架类等。零件图是制造和检验零件的主要依据。本章主要介绍零件图的内容、绘制和识读。

单元目标：

1. 了解零件图的作用、内容及表达方法。
2. 了解零件分析的目的。
3. 掌握视图的选择方法。
4. 熟悉零件图的尺寸标注和工艺结构。
5. 了解零件图上的技术要求。
6. 能够识读零件图。

第一节　零件图的作用和内容

一、零件图的作用

　　在机械产品的生产过程中，加工和制造各种不同形状的机器零件时，一般是先根据零件图对零件材料和数量的要求进行备料，然后按图纸中零件的形状、尺寸与技术要求进行加工制造，同时还要根据图纸上的全部技术要求，检验被加工零件是否达到规定的质量指标。由此可见，零件图是设计部门提交给生产部门的重要技术文件，它反映了设计者的意图，表达了对零件的要求，是生产中进行加工制造与检验零件质量的重要技术性文件。

二、零件图的内容

　　图 8-1 所示为阀芯的零件图，从图中可以看出零件图应包括以下四个方面的内容：

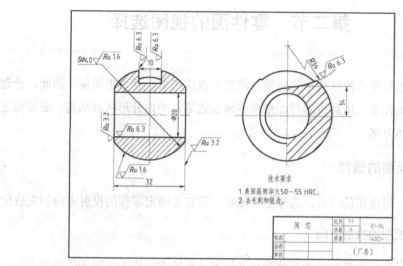

图 8-1　阀芯的零件图

（一）一组视图

用一组视图（包括视图、剖视、断面等表达方法）完整、准确、清楚、简便地表达出零件的结构形状。如图 8-1 所示的阀芯，用主、左视图表达，主视图采用全剖视，左视图采用半剖视。

（二）足够的尺寸

零件图中应正确、齐全、清晰、合理地标注出表示零件各部分的形状大小和相对位置的尺寸，为零件的加工制造提供依据。如图 8-1 主视图中标注的尺寸 $S\phi40$ 和 32 确定了阀芯的轮廓形状，中间的通孔为 $\phi20$，上部凹槽的形状和位置通过主视图中的尺寸 10 与左视图中的尺寸 $R34$、14 确定。

（三）技术要求

用规定的符号、代号标记和简要的文字说明制造与检验零件时应达到的各项技术指标和要求。如图 8-1 中标注出的表面粗糙度 Ra 6.3μm，Ra 1.6μm 等，以及技术要求"表面高频淬火（50～55HRC）及去毛刺和锐边"等。

（四）标题栏

在图幅的右下角按标准格式画出标题栏，以填写零件的名称、材料、图样的编号、比例及设计、审核、批准人员的签名、日期等。

第二节　零件图的视图选择

零件图要求将零件的结构形状完整、清晰地表达出来，并力求简便。因此，合理地选择主视图和其他视图，用最少的视图最清楚地表达零件的内外形状和结构，必须确定一个比较合理的表达方案。

一、主视图的选择

主视图是一组视图的核心，选择主视图时，应首先确定零件的投射方向和安放位置。

（一）主视图的投射方向

一般应将最能反映零件结构形状和相互位置关系的方向作为主视图的投射方向。

（二）确定零件的安放位置

应使主视图尽可能地反映零件的主要加工位置或在机器中的工作位置。

1. 零件的加工位置

零件的加工位置是指零件在主要加工工序中的装夹位置。主视图与加工位置一致，主要是为了使制造者在加工零件时看图方便。例如，轴、套、轮盘等零件的主要加工工序是在车床或磨床上进行的，因此，这类零件的主视图应将其沿轴线水平放置。

2. 零件的工作位置

零件的工作位置是指零件在机器或部件中工作时的位置。例如支座、箱壳等零件，它们的结构形状比较复杂，加工工序较多，加工时的装夹位置经常变化，因此在画图时使这类零件的主视图与工作位置一致，可方便零件图与装配图直接对照。

二、视图表达方案的选择

主视图确定以后，要分析该零件在主视图上还有哪些尚未表达清楚的结构，对这些结构的表达，应以主视图为基础，选用其他视图并采用各种方法表达出来，使每个视图都有表达的重点，几个视图互为补充，共同完成零件结构形状的表达。在选择视图时，应优先选用基本视图和在基本视图上进行适当的剖视，在充分表达清楚零件结构形状的前提下，尽量减少视图数量，力求画图和读图简便。

三、典型零件视图表达方法的选择示例

零件的种类很多，结构形状千差万别。根据结构和用途相似的特点以及加工制造方面的特点，一般将典型零件分为轴套、轮盘、叉架和箱体四类。

（一）轴套类零件

轴套类零件主要是由大小不同的同轴回转体（如圆柱、圆锥）组成的。通常以加工位置将轴线水平放置画出主视图来表达零件的主体结构，必要时再用局部剖视或其他辅助视图表达局部结构形状。如图 8-2 所示的轴，采取其轴线水平放置的加工位置画出主视图，反映了轴的细长和台阶状的结构特点，各部分的相对位置和倒角、退刀槽、键槽等形状，并采用局部剖视表达了上下的通孔，又补充了两个移出断面图和两个局部放大图，用来表达前后通孔、键槽的深度和退刀槽等局部结构。

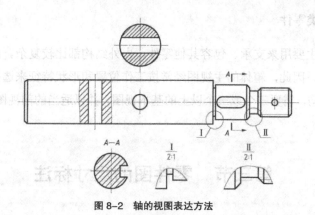

图 8-2 轴的视图表达方法

（二）轮盘类零件

轮盘类零件主要是由回转体或其他平板结构组成的。零件主视图采取轴线水平放置或按工作位置放置，常用两个基本视图来表达，即主视图采用全剖视图，另一视图则表达外形轮廓和各组成部分。如图 8-3 所示的法兰盘透盖，主视图按加工位置将轴线水平放置画出，主要表达零件的厚度和阶梯孔的结构，而左视图主要表达外形、三个安装孔的分布及左右凸缘的形状。

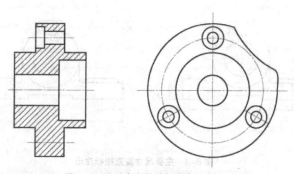

图 8-3 法兰盘透盖的视图表达方法

（三）叉架类零件

叉架类零件的外形比较复杂，形状不规则，常带有弯曲和倾斜结构，也常带有肋板、轴孔、耳板、底板等结构。局部结构常有油槽、油孔、螺孔和沉孔等。在选择主视图时，一般是在反映主要特征的前提下，按工作（安装）位置放置主视图的。当工作位置是倾斜的或不固定时，可将其放正后画出主视图。表达叉架类零件通常需要两个以上的基本视图，并多用局部剖视兼顾内外形状来表达。倾斜结构常用向视图、斜视图、旋转视图、局部视图、斜剖视图、断面图等表达。

（四）箱体类零件

箱体类零件主要用来支承、包容其他零件，内外结构都比较复杂。由于箱体在机器中的位置是固定的，因此，箱体的主视图经常按工作位置和形状特征来选择。为了清晰地表达内、外形状结构，需要三个或三个以上的基本视图，并以适当的剖视图来表达内部结构。

第三节　零件图的尺寸标注

一、零件图上的主要尺寸必须直接标注出

主要尺寸是指直接影响零件在机器或部件中的工作性能和准确位置的尺寸，如零件间的配合尺寸、重要的安装尺寸和定位尺寸等。如图 8-4（a）所示的轴承座，轴承孔的中心高 h_1 和安装孔的间距尺寸 l_1 必须直接标注出，不应采取图 8-4（b）所示的主要尺寸 h_1 和 l_1 没有直接标注出，而要通过其他尺寸 h_2、h_3 和 l_2、l_3 间接计算得到，从而造成尺寸误差的积累。

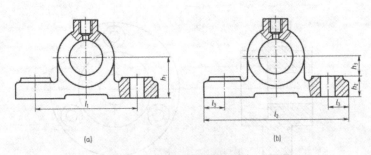

图 8-4　主要尺寸要直接标注出
（a）正确；（b）不正确

二、合理地选择基准

尺寸基准一般选择零件上的一些面和线。面基准常选择零件上较大的加工面、与其他零件的结合面、零件的对称平面、重要端面和轴肩等。如图 8-5 所示的轴承座，高度方向的尺寸基准是安装面，也是最大的面；长度方向的尺寸以左右对称面为基准；宽度方向的尺寸以前后对称面为基准。线一般选择轴和孔的轴线、对称中心线等。

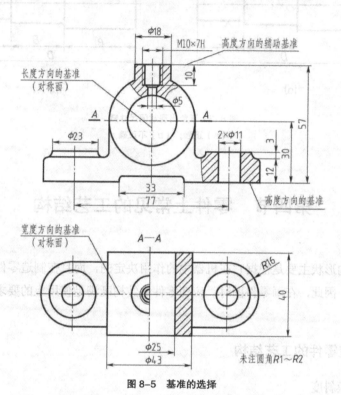

图 8-5　基准的选择

由于每个零件都有长、宽、高三个方向的尺寸，因此，每个方向都有一个主要尺寸基准。在同一方向上还可以有一个或几个与主要尺寸基准有尺寸联系的辅助基准。按用途，基准可分为设计基准和工艺基准。设计基准是以面或线来确定零件在部件中准确位置的基准，主工艺基准是为了便于加工和测量而选定的基准。如图 8-5 所示，轴承座的底面为高度方向的尺寸基准，也是设计基准，由此标注中心孔的高度 30 和总高 57，再以顶面作为高度方向的辅助基准（也是工艺基准），标注顶面上螺孔的深度尺寸 10。

三、避免出现封闭尺寸链

一组首尾相连的链状尺寸称为尺寸链，如图 8-6（a）所示的阶梯轴上标注的长度尺寸 D、B、C。组成尺寸链的各个尺寸称为组成环，未标注尺寸的一环称为开口环。在标注尺寸时，应尽量避免出现图 8-6（b）所示标注成封闭尺寸链的情况。因为长度方向的尺寸 A、B、C 首尾相连，每个组成环的尺寸在加工后都会产生误差，则尺寸 D 的误差为三个尺寸误差的总和，不能满足设计要求。所以，应选一个次要尺寸空出不标注，以便所有尺寸误差积累到这一段，从而保证主要尺寸的精度。图8-6（a）中没有标注出尺寸就避免了标注封闭尺寸链的情况。

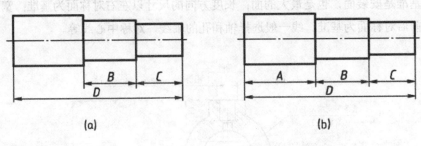

图8-6　避免出现封闭尺寸链
（a）正确；（b）不正确

第四节　零件上常见的工艺结构

零件的结构形状主要是根据它在机器中的作用决定的，而且在制造零件时还要符合加工工艺的要求。因此，在画零件图时，应使零件的结构既满足使用上的要求，又要方便加工制造。

一、铸造零件的工艺结构

（一）起模斜度

用铸造的方法制造零件的毛坯时，为了将模型从砂型制造中顺利取出来，常在模型起模方向设计成1∶20的斜度，这个斜度称为起模斜度，如图8-7（a）所示。起模斜度在图样上一般不画出和不予标注，如图8-7（b）（c）所示。必要时，可以在技术要求中用文字说明。

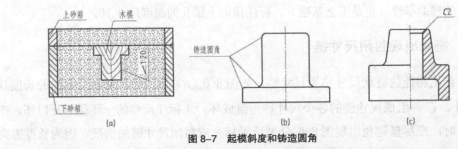

图8-7　起模斜度和铸造圆角
（a）起模斜度；（b）（c）铸造倒角

（二）铸造圆角

在铸造毛坯各表面的相交处，做出铸造圆角，见图8-7（b）（c）。这样，既可方便起模，又能防止浇铸铁水时将砂型转角处冲坏，还可避免铸件在冷却时防止在转角处产生裂纹和缩孔。铸造圆角在图样上一般不予标注，见图8-7（b）（c），常集中注写在技术要求中。

（三）铸件壁厚

在浇铸零件时，为了避免因各部分冷却速度不同而产生裂纹和缩孔，铸件壁厚应保持大致相等或逐渐过渡，如图8-8所示。

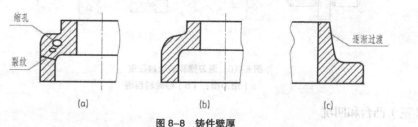

图 8-8 铸件壁厚
（a）壁厚不均匀；（b）壁厚均匀；（c）逐渐过渡

二、零件加工面的工艺结构

（一）倒角和倒圆

为了去除零件的毛刺、锐边和便于装配，在轴和孔的端部，一般都加工成45°或30°、60°的倒角，如图8-9（a）（b）所示。为了避免因应力集中而产生裂纹，在轴肩处通常加工成圆角，称为倒圆，如图8-9（c）所示。倒角和倒圆的尺寸系列可从相关标准中查得。

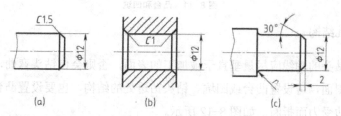

图 8-9 倒角和倒圆
（a）（b）倒角；（c）倒圆

（二）退刀槽和砂轮越程槽

在车削和磨削中，为了便于退出刀具或使砂轮可以稍稍越过加工面，通常在零件待加工表面的末端，先车出退刀槽和砂轮越程槽，如图8-10所示。退刀槽和砂轮越程槽的尺寸系列可从相关标准中查得。

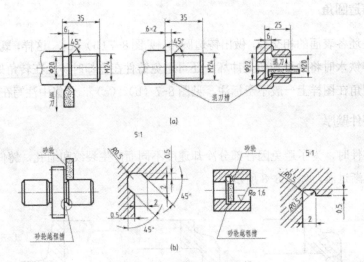

图 8-10　退刀槽和砂轮越程槽
（a）退刀槽；（b）砂轮越程槽

（三）凸台和凹坑

为保证配合面接触良好，减少切削加工面积，通常在铸件上设计出凸台和凹坑，如图 8-11 所示。

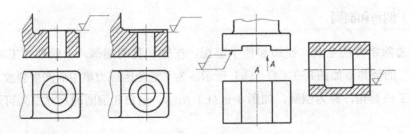

图 8-11　凸台和凹坑

（四）钻孔结构

钻孔时，钻头的轴线应尽量垂直于被加工的表面，否则会使钻头弯曲，甚至折断。对于零件上的倾斜面，可设置凸台或凹坑。钻头钻透处的结构，也要设置凸台，使孔完整，避免钻头因单边受力而折断，如图 8-12 所示。

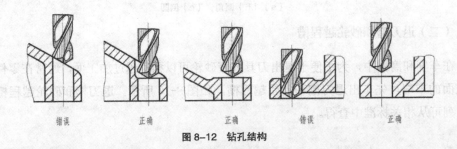

图 8-12　钻孔结构

第五节　零件图上的技术要求

一、表面粗糙度

（一）表面粗糙度的基本概念

零件表面无论加工得多么光滑，将其放在放大镜或显微镜下观察，总可以看到不同程度的峰、谷凸凹不平的情况。零件表面具有的这种较小间距的峰谷所组成的微观几何形状特征，称为表面粗糙度。表面粗糙度与加工方法、使用刀具、零件材料等各种因素都有密切关系。

表面粗糙度是评定零件表面质量的一项重要技术指标，对于零件的配合性、耐磨性、抗腐蚀性、密封性都有影响。

表面粗糙度常用轮廓算术平均偏差 Ra（单位：pm）来作为评定参数，它是在取样长度 lr 内，轮廓偏距绝对值的算术平均值，如图 8-13 所示。零件表面有配合要求或有相对运动要求的表面，Ra 值要求小。Ra 值越小，表面质量就越高，加工成本也越高。在满足使用要求的情况下，应尽量选用较大的 Ra 值，以降低加工成本。

（二）表面粗糙度的标注方法

（1）表面粗糙度的注写和读取方向要与尺寸的注写和读取方向一致（见图 8-13），并标注在轮廓线上（或轮廓线的延长线上）或指引线上，如图 8-14 所示。

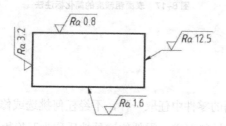

图 8-13　表面粗糙度的标注法

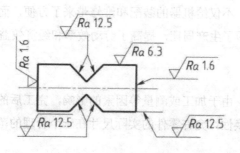

图 8-14　表面粗糙度的引出标注法

（2）必要时也可以标注在特征尺寸的尺寸线上，或几何公差的框格上，如图8-15、图8-16所示。

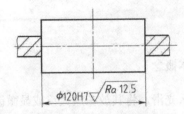

图8-15　尺寸线的表面粗糙度标注法

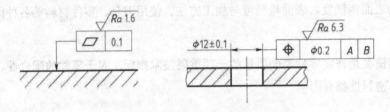

图8-16　几何公差框格上的粗糙度标注方法

（3）当多个表面有相同要求或图纸空间有限时，可采用简化标注法，如图8-17所示。

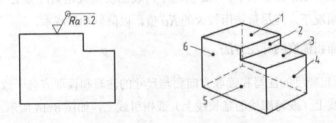

图8-17　表面粗糙度的简化标注法

二、极限与配合

（一）互换性概念

从一批规格大小相同的零件中任取一件，不经任何挑选或修配就能顺利地装配到机器上，并能满足机器的工作性能要求，零件的这种性质称为互换性。

零件具有了互换性，不仅给机器的装配和维修带来了方便，而且也为大批量和专门生产创造了条件，从而缩短了生产周期，提高了劳动效率和经济效益。

（二）尺寸公差

零件在制造过程中，由于加工或测量等因素的影响，完工后的实际尺寸总存在一定的误差。为保证零件的互换性，允许零件的实际尺寸在一个合理的范围内变动，这个尺寸的变动量称为尺寸公差。

（三）配合

在机器装配中，公称尺寸相同的、相互配合在一起的孔和轴公差带之间的关系称为配合。由于孔和轴的实际尺寸不同，装配后可能产生"间隙"或"过盈"。在孔与轴的配合中，孔的尺寸减去轴的尺寸所得的代数差为正值时为间隙，为负值时为过盈。

1. 配合种类

配合按其出现的间隙或过盈不同，分为三类。

（1）间隙配合

孔的公差带在轴的公差带之上，任取一对孔和轴相配合都产生间隙（包括最小间隙为零）的配合，称为间隙配合，如图 8-18（a）所示。

（2）过盈配合

孔的公差带在轴的公差带之下，任取一对孔和轴相配合都产生过盈（包括最小过盈为零）的配合，称为过盈配合，如图 8-18（b）所示。

（3）过渡配合

孔的公差带与轴的公差带相互重叠，任取一对孔和轴相配合，可能产生间隙，也可能产生过盈的配合，称为过渡配合，如图 8-18（c）所示。

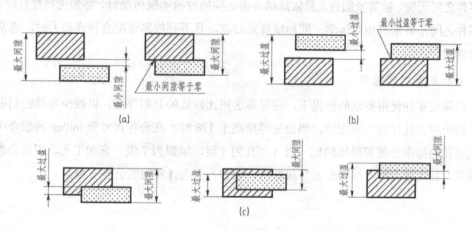

图 8-18 配合种类
（a）间隙配合；（b）过盈配合；（c）过渡配合

2. 配合制度

国家标准规定了基孔制和基轴制两种配合制度。

（1）基孔制

基本偏差为一定的孔的公差带与不同基本偏差的轴的公差带形成的各种配合的一种制

度。基孔制配合的孔称为基准孔，其基本偏差代号为"H"，下极限偏差为零，即它的下极限尺寸等于公称尺寸。

（2）基轴制

基轴制是基本偏差为一定的轴的公差带与不同基本偏差的孔的公差带形成的各种配合的一种制度。基轴制配合的轴称为基准轴，其基本偏差代号为"h"，上极限偏差为零，即它的上极限尺寸等于公称尺寸。

（四）极限与配合的选用

极限与配合的选用包括基准制、配合类别和公差等级三种内容。

1.优先选用基孔制

优先选用基孔制可以减少定值刀具、量具的规格数量。只有在具有明显经济效益和不适宜采用基孔制的场合，才采用基轴制。

在零件与标准件配合时，应按标准件所用的基准制来确定。例如，滚动轴承内圈与轴的配合采用基孔制，滚动轴承外圈与轴承座的配合采用基轴制。

2.配合的选用

国家标准中规定了优先、常用和一般用途的孔、轴公差带，应根据配合特性和使用功能，尽量选用优先和常用配合。当零件之间具有相对转动或移动时，必须选择间隙配合；当零件之间无键、销等紧固件，只依靠结合面之间的过盈实现传动时，必须选择过盈配合；当零件之间不要求有相对运动，同轴度要求较高，且不是依靠该配合传递动力时，通常选用过渡配合。

3.公差等级的选用

在保证零件使用要求的前提下，应尽量选用比较低的公差等级，以减少零件的制造成本。由于加工孔比加工轴困难，当公差等级高于 IT8 时，在公称尺寸至 500mm 的配合中，应选择孔的标准公差等级比轴低一级（如孔为 8 级，轴则为 7 级）来加工孔。因为公差等级越高，加工越困难。标准公差等级低时，轴和孔可选择相同的公差等级。

第六节　读零件图

一、读零件图的要求

正确、熟练地读懂零件图是工程技术人员必须具备的素质之一。读零件图的要求是：要根据已有的零件图，了解零件的名称、用途、材料、比例等，并通过分析图形、尺寸、技术要求，想象出零件各部分的结构、形状、大小和相对位置，以及了解设计意图和加工方法。

二、读零件图的方法与步骤

（一）概括了解

从标题栏了解零件的名称、材料、比例等内容。根据名称判断零件属于哪一类零件，根据材料可大致了解零件的加工方法，根据绘图比例可估计零件的大小。必要时，可对照机器、部件实物或装配图了解该零件的装配关系等，从而对零件有初步的了解。

（二）分析视图间的联系和零件的结构形状

分析零件各视图的配置情况以及各零件相互之间的投影关系，运用形体分析法和线面分析法读懂零件各部分的结构，想象出零件的形状。看懂零件的结构和形状是读零件图的重点，组合体的读图方法和剖视图的读图方法同样适用于读零件图。读图的一般顺序是：先整体，后局部；先主体结构，后局部结构；先读懂简单部分，再分析复杂部分。读图时，应注意是否有规定画法和简化画法。

（三）分析尺寸和技术要求

分析尺寸时，首先要弄清长、宽、高三个方向的尺寸基准，从基准出发查找各部分的定形尺寸、定位尺寸。必要时，联系机器或部件与该零件有关的零件一起进行分析，深入理解尺寸之间的关系并分析尺寸的加工精度要求，以及尺寸公差、几何公差和表面粗糙度等技术要求。

（四）综合归纳

零件图表达了零件的结构形式、尺寸及精度要求等内容，它们之间是相互关联的。初学者在读图时，首先要做到：正确地分析表达方案，运用形体分析法分析零件的结构、形状和尺寸，全面了解技术要求，正确理解设计意图，从而达到读懂零件图的目的。

三、读零件图举例

下面以球阀中的主要零件为例，说明读零件图的方法和步骤。

（一）阀杆

阀杆如图 8-19 所示。

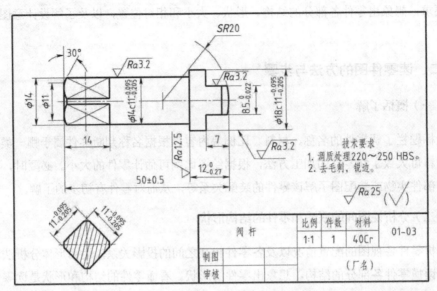

图 8-19 阀杆

1. 概括了解

从标题栏可知，阀杆按 1：1 绘制，与实物大小一致。材料为 40Cr（合金结构钢）。从图中可以看出，阀杆由回转体经切削加工而成，为轴套类零件。阀杆上部是由圆柱经切割形成的四棱柱，与扳手上的四方孔配合。阀杆的作用是通过扳手使阀芯转动，以开启或关闭球阀和控制流量。

2. 分析视图间的联系和零件的结构形状

阀杆零件图采用了一个基本视图和一个断面图表达，主视图按加工位置将阀杆水平置放，左端的四棱柱采用移出断面图表达。

3. 分析尺寸和技术要求

阀杆以水平轴线作为径向尺寸基准，同时也是高度和宽度方向的尺寸基准。由此标注出径向各部分尺寸。凡是尺寸数字后面注写公差代号或偏差值的，说明零件该部分与其他零件有配合关系。如 $\phi14c11^{-0.095}_{-0.205}$ 和 $\phi18c11^{-0.095}_{-0.205}$ 分别与球阀中的填料压紧套和阀体有配合关系，其表面粗糙度要求较严，Ra 值为 3.2μm。

选择表面粗糙度为 Ra 12.5 的端面作为阀杆的轴向尺寸基准，也是长度方向的尺寸基准，由此标注出尺寸 $12^{0}_{-0.27}$，以右端面作为轴向的第一辅助基准，标注出尺寸 7、50±0.5，以左端面作为轴向的第二辅助基准，标注出尺寸 14。

阀杆经过调质处理（220～250HBS），以提高材料的韧度和强度。调质、HBS（布氏硬度），以及后面的阀盖、阀体例图中出现的时效处理等，均属热处理和表面处理的专用名词。

（二）阀体

阀体如图 8-20 所示。

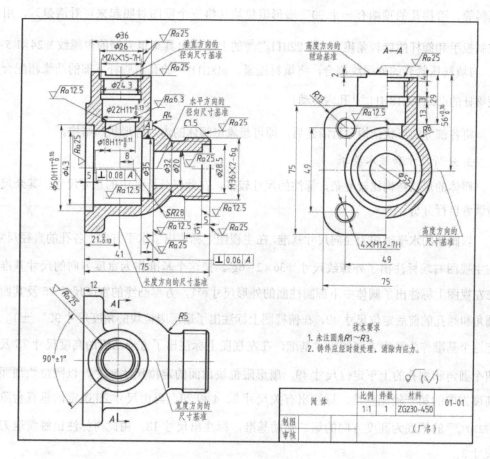

图 8-20 阀体

1. 概括了解

从标题栏可知，阀体按 1 ：1 绘制，与实物大小一致，材料为铸钢。因阀体的毛坯为铸件，内外表面都有一部分需要进行切削加工，因而加工前需要进行时效处理。阀体是球阀中的一个主要零件，其内部空腔是互相垂直的组合回转面，在阀体内部将容纳密封圈、阀芯、调整垫、螺杆、螺母、填料垫、中填料、上填料、填料压紧套、阀杆等零件，属于箱体类零件。

2. 分析视图间的联系和零件的结构形状

球阀的阀体左端通过螺柱和螺母与阀盖连接，形成球阀容纳阀芯的 $\phi43$ 空腔。左端 $\phi50H11_0^{+0.16}$ 圆柱形凹槽与阀盖上 $\phi50h11_{-0.16}^{0}$ 的圆柱形凸缘相配合。阀体空腔右侧 $\phi35$ 圆柱形槽用来放置密封圈，以保证在球阀关闭时不泄漏流体。阀体右端有用于连接管道系统的外螺纹 M36 ×2 −6g ，内部有阶梯孔 $\phi28.5$、$\phi20$ 与空腔相通。阀体上部 $\phi36$ 的圆柱体中，有 $\phi26$、$\phi22H11_0^{+0.13}$ 和 $\phi18H11_0^{+0.11}$ 的阶梯孔，与空腔相通；在阶梯孔内容纳阀杆、填料压紧套、填料等。阶梯孔的顶端有一个 90° 扇形限位块（将三个视图对照起来可看清楚），用来控制扳手和阀杆的旋转角度。在 $\phi22H11_0^{+0.13}$ 的上端作出具有退刀槽的内螺纹 M 24×1.5−7H，与填料压紧套的外螺纹旋合，将填料压紧。$\phi18H11_0^{+0.11}$ 的孔与阀杆下部的凸缘相配合，使阀杆的凸缘在 $\phi18H11_0^{+0.11}$ 孔内转动。

将各部分的形状结构分析清楚后，即可想象出阀体的内、外形状和结构。

3. 分析尺寸和技术要求

阀体的形状结构比较复杂，标注的尺寸较多，在此仅分析其中的重要尺寸，其余尺寸请读者自行分析。

以阀体的水平轴线为径向尺寸基准，在主视图上标注出了水平方向上各孔的直径尺寸，在主视图右端标注出了外螺纹尺寸 M 36×2−6g。把这个基准作为宽度方向的尺寸基准，在左视图上标注出了阀体中下部圆柱面的外形尺寸 $\phi55$，方形凸缘的宽度尺寸 75 及其四个圆角和螺孔的前后定位尺寸 49，在俯视图上标注出了扇形限位块的角度尺寸 90° ±1°。把这个基准作为高度方向的尺寸基准，在左视图上标注出了方形凸缘的高度尺寸 75 及其四个圆角和螺孔的上下定位尺寸 49，扇形限位块顶面的定位尺寸 $56_0^{+0.16}$，以限位块顶面为高度方向的第一辅助基准，标注出有关尺寸 2、4 和 29，再由尺寸 29 确定的垂直台阶孔 $\phi22H11_0^{+0.13}$ 的槽底为高度方向的第二辅助基准，标注出尺寸 13，由此再标注出螺纹退刀槽尺寸 3。

以阀体的铅垂轴线为径向尺寸基准，在主视图上标注出了垂直方向上各孔的直径尺寸；在主视图上端标注出了内螺纹尺寸 M 24×1.5−7H。

把这个基准作为长度方向和宽度方向的尺寸基准，在主视图上标注出了垂直孔到左端面的距离 $21_{-0.13}^0$；标注出尺寸 8，表示阀体的球形外轮廓的球心位置，并标注出圆球半径尺寸 SR28。将左端面作为长度方向的第一辅助基准，标注出了尺寸 12、41 和 75。再以 41 右侧 $\phi35$ 的圆柱形槽底和阀体右端面作为长度方向的第二辅助基准，注出 7、5、15 等尺寸。

此外，在左视图上还标注出了左端面方形凸缘上四个圆角的半径尺寸 R13，四个螺孔的尺寸 4×M12−7H，铸造圆角 R8。

从以上分析可以看出，阀体中比较重要的尺寸都标注了偏差数值。其中 $\phi18H11_0^{+0.11}$ 孔与阀杆上 $\phi18c11_{-0.205}^{-0.095}$ 配合要求较高，注有 Ra 值为 6.3 μm 的表面粗糙度。$\phi22H11_0^{+0.13}$ 槽底与填料之间装有填机垫，不产生配合，表面粗糙度要求不严，标注有 Ra 值为 12.5 μm 的表面粗糙度。

零件上不太重要的加工表面的 Ra 值为 25μm。

主视图中对于阀体的几何公差要求是：空腔 $\phi 35$ 槽的右端面相对 035 圆柱槽轴线的垂直度公差为 0.06mm；$\phi 18H11_0^{+0.11}$ 圆柱孔轴线相对 $\phi 35$ 圆柱槽轴线的垂直度公差为 0.08mm。

思考题

1. 简述零件图的作用。

2. 一张完整的零件图一般应包括哪四部分内容？

3. 选择零件主视图时，零件安放位置的确定应考虑几种情况？尺寸标注的形式有几种？简述各自的优缺点。

4. 什么是基准？可分为哪两大类？

5. 读图 8-21 所示的支架零件图并回答问题。

（1）零件名称是_____，材料为_____，绘图比例为_____。

（2）零件图中主视图采用_____的表达方法，A 向视图采用_____的表达方法，I 视图采用_____的表达方法。

（3）零件长、宽、高三个方向的主要尺寸基准为_____、_____、_____。

（4）零件的总长_____，总宽_____，总高_____。

（5）从 2×M8-6H 螺纹孔的标注可知，M 表示该螺纹为_____，8 表示螺纹的_____，2 表示_____，其中径公差带代号为_____。

（6）说明尺寸 $\phi 35H9$ 的含义：$\phi 35$ 为_____，H9 为_____，其中 H 为_____，9 为_____。

（7）左视图中 II 处图线是_____，是由_____和_____相交形成的。

（8）左视图中 III 处所表示的平面的表面粗糙度为_____，$\phi 35H9$ 圆柱孔面的表面粗糙度为_____，相比较而言，_____表面粗糙度标注的平面更光滑。

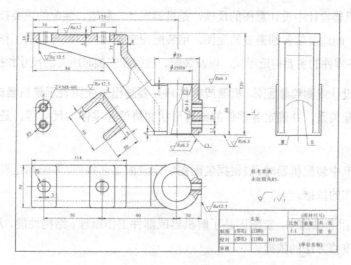

图 8-21 支架零件图

第九章　装配图

单元导读：

装配图是表达机器、部件或组件的图样。表达一台完整机器的装配图，称为总装配图（总图）；表达机器中某个部件或组件的装配图，称为部件装配图或组件装配图。通常，总图只表达各部件间的相对位置和机器整体情况，再将整台机器按各部件分别画出部件装配图。本章主要介绍装配图的内容、画法、部件测绘和看装配图的方法步骤等。

单元目标：

1. 了解装配图的作用和内容。
2. 对装配图的表达方法、视图选择、尺寸和技术要求有基础认识。
3. 熟知装配图的零部件序号和明细栏。
4. 掌握机器上常见装配结构的画法。
5. 掌握识读装配图和拼、拆画零件图的方法。

第一节　装配图的作用和内容

一、装配图的作用

装配图是机器设计中设计意图的反映，是机器设计、制造、装配的重要技术依据。机器或部件的设计、制造及装备都需要装配图。用装配图来表达机器或部件的工作原理、零件间的装配关系和各零件的主要构造形状，以及装配、检验和安装时所需的尺寸和技术要求。

（1）在新设计或测绘装配体（机器或部件）时，要画出装配图表示该机器或部件的构造、工作原理和装配关系，并确定各零件的结构形状和协调各零件的尺寸等，是绘制零件图的依据。

（2）在生产中装配机器时，要根据装配图制定装配工艺规程，装配图是机器装配、检验、调试和安装工作的依据。

（3）在使用和维修中，装配图是了解机器或部件工作原理、结构性能，从而决定操作、保养、拆装和维修方法的依据。

（4）在进行技术交流、引进先进技术或更新改造原有设备时，装配图也是不可缺少的资料。

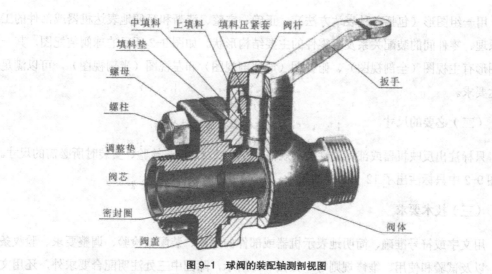

图9-1 球阀的装配轴测剖视图

二、装配图的内容

图9-1所示为球阀的装配轴测剖视图，图9-2所示为该部件的装配图，它是由13种零件组成的用于启闭和调节流体流量的部件。由图9-2可知，装配图应包括以下四个方面的内容：

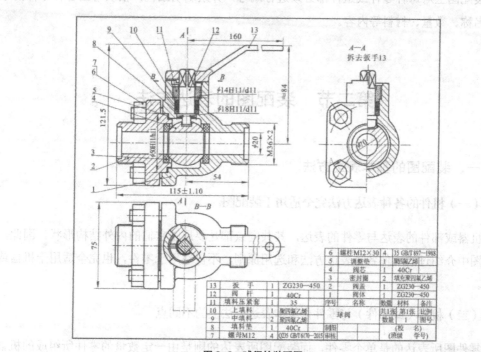

6	螺柱 M12×30	4	35	GB/T 897—1988
5	调整垫	1	聚四氟乙烯	
4	阀芯	1	40Cr	
3	密封圈	1	填充聚四氟乙烯	
2	阀盖	1	ZG230—450	
1	阀体	1	ZG230—450	
序号	名称	数量	材料	备注
13	扳手	1	ZG230—450	
12	阀杆	1	40Cr	
11	填料压紧套	1	35	
10	上填料	1	聚四氟乙烯	
9	中填料	1	聚四氟乙烯	
8	填料垫	1	40Cr	
7	螺母M12	4	Q235	GB/T 6170—2015

球阀

图9-2 球阀的装配图

（一）一组图形

用一组图形（包括各种表达方法），正确、完整、清晰和简便地表达机器或部件的工作原理、零件间的装配关系及各零件的主要结构形状。如图 9-2 所示的球阀装配图，其一组图形有主视图（全剖视图）、俯视图（局部剖视图）和左视图（半剖视图），可以满足表达要求。

（二）必要的尺寸

只标注出反映机器或部件的性能、规格、外形以及装配、检验、安装时所必需的尺寸。如图 9-2 中只标注出了 12 个必要的尺寸。

（三）技术要求

用文字或符号准确、简明地表示机器或部件的性能、装配、检验、调整要求、验收条件，以及试验和使用、维修规则等。如图 9-2 所示，除图中三处注明配合要求外，还用文字说明了球阀制造和验收条件。

（四）标题栏、序号和明细栏

用标题栏注明机器或部件的名称、规格、比例、图号以及设计、制图者的姓名、日期等。

装配图上对每种零件或组件都必须进行编号，并绘制明细栏，依次写出各种零件的序号、名称、数量、材料等内容。

第二节　装配图的表达方法

一、装配图的基本表达方法

（一）机件的各种表达方法完全适用于装配图

机器或部件的表达与零件的表达，其共同点都是要反映它们的内外结构形状，因此，零件图中介绍过的机件各种表达方法和选用原则，不仅适用于零件，也完全适用于机器或部件。

（二）机器（或部件）与零件在基本表达方法上的不同点

零件图所表达的是单个零件，而装配图所表达的则是由一定数量的零件所组成的机器或部件。两种图的要求不同，所表达的侧重面也就不同。

（1）装配图是以表达机器或部件的工作原理和主要装配关系为核心，把机器或部件的内部构造、外部形状和各零件的主要结构形状表达清楚，不要求把每个零件的形状完全表达清楚。

（2）在机器或部件的剖视图、断面图中，剖到的结构要素可能是几个或多个零件，而不是一个零件。如图 9-2 所示的球阀装置图，其基本表达方法是共用了三个基本视图，其中主视图用全剖视图、俯视图用局部剖视图、左视图用半剖视图，即可满足该部件的表达要求。

二、装配图的规定画法

（一）关于接触面（或配合面）和非接触面的画法

（1）两零件的接触面或基本尺寸相同的轴与孔的配合面，只画一条线，表示公共轮廓。间隙配合即使间隙较大也只画一条线，图 9-2 的主视图中注有 ϕ 50H11/h11、ϕ 8H11/d11、ϕ 4H11/d11 的配合面及螺母 7 与阀盖 2 的接触面等，都只画一条线，表示其公共轮廓。

（2）相邻两零件的非接触面或非配合面，应画两条线，表示各自的轮廓。相邻两零件的基本尺寸不相同时，即使间隙很小也必须画两条线。如图 9-2 中阀杆 12 的头部与阀芯 4 的槽口的非配合面；阀盖 2 与阀体 1 的非接触面等，都是画两条线，表示各自的轮廓。

（二）关于剖面线的画法

（1）在剖视图或断面图中，相邻两零件的剖面线的倾斜方向应相反或方向相同而间隔不同；如两个以上零件相邻时，可改变第三个零件剖面线的间隔或使剖面线错开，用来区分不同零件，如图 9-2 中剖面线的画法。

（2）在各剖视图或断面图中，同一零件的剖面线方向和间隔都必须相同，如图 9-2 中剖面线的画法。

（3）当仅需要画出剖视图中的一部分图形，其边界又不画波浪线时，则应将剖面线绘制整齐，如图 9-3 中机座的剖面线。

（三）关于基准件和实心件纵向剖切时的画法

在剖视图中，对于标准件（如螺栓、螺母、键、销等）和实心的轴、连杆、拉杆、手柄等零件，若纵向剖切且剖切平面通过其轴线（或对称平面）时，则这些零件都按不剖绘制，如图 9-2 主视图中的阀杆 12；当要表明标准件或实心件的局部结构时，可用局部剖视图表示，如图 9-2 主视图中扳手 13 的方孔处。

当剖切平面通过某些标准组件的轴线时，则该组件也可按不剖绘制，如图 9-3 所示滑动轴承的油环。

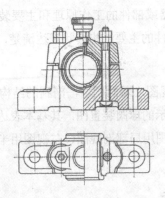

图 9-3　滑动轴承装配图俯视图半剖视中的剖分画法

三、装配图的特殊画法

（一）拆卸画法

在装配图中，当某个或几个零件遮住了需要表达的其他结构或装配关系，而它们在其他视图中又已表示清楚时，可假想将其拆去，只画所要表达部分的视图，须说明时应在该视图正上方加注"拆去 ×× 等"，这种画法称为拆卸画法。如图 9-2 的左视图是"拆去扳手 13"之后画出的，因为它已在另两视图中表达清楚。

（二）剖分画法

在装配图中，为表达某些零件（如剖分式滑动轴承等）的内部结构，可沿两零件间的结合面剖切，分开后进行投影（剖到的仅是连接件），称为沿结合面剖切画法（简称剖分画法），如图 9-3 滑动轴承装配图中的俯视图，就是沿底座和轴承盖的结合面剖切后画出的半剖视图。

（三）单件画法

在装配图中，若只是为了表示某零件在某投射方向上的形状，可按该投射方向另外单独画出此零件的视图，并加标注，称为装配图中的单件画法。如图 9-4 转子泵装配图中按 B 投射方向，单独画出了零件泵盖的视图并做了相应标注"泵盖B"或标注"零件 ××B"（×× 为零件的序号）。

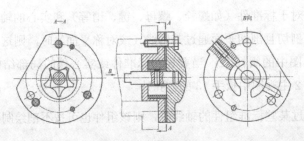

图 9-4　转子泵装配图

第三节　装配图的视图选择

装配图的视图表达的重点是清晰地反映机器或部件的工作原理、装配关系及各零件的主要结构形状，而不侧重表达每个零件的全部结构形状。因此，画装配图选择表达方案时，应在满足上述表达重点的前提下，力求使绘图简便、读图方便。

一、装配图的视图选择原则和步骤

（一）分析表达对象，明确表达内容

一般从实物和有关资料，了解机器或部件的功用、性能和工作原理入手，仔细分析各零件的结构特点以及装配关系，从而明确所要表达的具体内容。

（二）主视图的选择

1. 投射方向

投射方向应符合结构特征性原则。通常选择最能反映机器或部件的工作原理、传动系统、零件间主要的装配关系和主要结构特征的方向，作为主视图的投射方向，即应符合结构特征性原则。但由于机器或部件的种类、结构特点不同，并不是都用主视图来表达上述要求。

通常沿主要装配干线或主要传动路线的轴线剖切，以剖视图来反映工作原理、装配关系及其结构特征，并考虑是否适宜采用特殊画法或简化画法。

2. 安放位置

安放位置应符合工作位置原则。画主视图时，应将机器或部件按其工作（或安装）位置安放，即与机器或部件的工作（安装）位置保持一致，便于读图、装配或检修。

（三）其他视图的选择

主视图确定后，还要选择其他视图来补充表达机器或部件的工作原理、装配关系和零件的主要结构形状，以形成较好的表达方案。为此，应考虑以下要求：

（1）视图的数量要依机器或部件的复杂程度而定，在满足表达要点的前提下，力求视图数量少些，以使表达简练，还要适当考虑有利于合理利用图形和充分利用图幅。

（2）应优先选用基本视图，并取适当剖视图、断面图补充表达有关内容。

（3）要充分利用机器或部件装配图的各种表达方法（包括特殊画法、规定画法），使每个视图都要有明确目的和表达重点，避免对同一内容的重复表达。

二、装配图的视图选择举例

以球阀（见图 9-1）为例，试分析其装配图表达方案（见图 9-2）的确定。

（一）分析表达对象，明确表达要求

球阀是机器中用于启闭和调节流体流量的部件。它由包容件（阀体、阀盖）、运动件（阀芯、阀杆、扳手）、密封件（密封圈、填料垫、填料、填料压紧套、调整垫）、连接件（螺柱、螺母）等零件组成。

1. 工作原理分析

（1）全开启

图 9-1 所示为球阀的全开启位置，即为扳手方向与球阀进出孔、阀芯孔的公共轴线处于一致的位置，此时阀芯孔转角为最大开度，流体通过球阀的流量最大。

（2）全关闭

将扳手按顺时针方向转动 90°时，扳手带动杆阀，杆阀又带动阀芯转动相同角度，使阀芯孔轴线与流体进出孔轴线相垂直，完全挡住通路，球阀处于全关阀状态，流体停止输送。若逆时针转回 90°，又恢复全开启状态。

（3）调节流量

在扳手转角 90°范围内，只要任意改变其转角大小，即可改变阀芯孔与流体进出孔的相对开启程度，从而可调节流体流量大小。

2. 零件结构及其功能分析

（1）包容件（阀体、阀盖）

①阀体

阀体下部内腔基本形状为球面，以容纳球形阀芯，内腔与右方（左方）进（出）孔相贯通；内腔右侧端面制有环状台阶，以供安装密封圈，为使壁厚均匀，此处外形也是呈球状。其进（出）孔处为圆筒状，带有外螺纹以便连接管子。阀体上部为圆筒状，内腔以容纳阀杆和周围的填料；上部带有内螺纹，以便与填料压紧套的外螺纹旋合。阀体左端面为方形，其上制有四个螺孔，制有阶梯面以便与螺柱、螺母和阀盖连接。

②阀盖

阀盖中部进（出）孔的直径与阀体进（出）孔直径相同，供连接用的出口处的外螺纹尺寸、规格也与阀体进孔处的外螺纹相同。阀盖右端面上的止口是为了与阀体左端面的阶梯面嵌合，以增强球阀的密封性。阀盖的方板左端面形状与阀体左端面形状相同，其上有四个光孔以便穿入螺柱，用螺母将阀盖与阀体（接触面加调整垫）紧密连接。

（2）运动件（阀芯、阀杆、扳手）

①阀芯

阀芯为左右切去相同大小球冠的球扁形，中部有直径与阀体进出孔直径相同的圆柱孔；上部有平底直槽，用以嵌装阀杆下端的榫头。

②阀杆

阀杆结构分为上、中、下三部分。上部有铣头方的棱柱面，用于与扳手的方孔相连接；中部为圆柱形；下部为轴环和圆柱切扁的榫头。

③扳手

扳手杆部呈扁平状；右端面为半圆柱形，有小孔；左端面为稍厚的球扁形，制有纵（竖）向方孔以便与阀杆铣方处连接。

（3）密封件（密封圈、填料、填料压紧套、调整垫等）

①密封圈

为防止内漏（方球阀在全关闭状态时，如果封闭不严，会有流体由进口端渗向出口端），在阀芯的周边接触面套入两只密封圈，通过螺柱连接压紧。

②填料垫

填料及填料压紧套要使阀杆既能在扳手控制下转动自如，又不致流体从阀杆、阀体之间的间隙中外漏，故加入上、中填料，下由填料垫承托，上部通过填料压紧套的外螺纹与阀体此处的内螺纹旋合压紧填料。填料被压紧后紧密贴合阀杆，既不影响阀杆转动又防止了流体外漏（为防止填料磨损增大间隙使流体向外漏出，应适时更换填料）。

③调整垫

为防止阀体与阀盖端面接触连接处流体外漏，加调整垫后用螺柱、螺母旋紧后压紧。

3.装配关系分析

（1）扳手与阀杆连接处以平面接触（应画一条线），扳手不用时可取下存放。

（2）阀杆中部外圆柱面与填料压紧套内控的配合以及阀杆下端轴环与阀体该处台阶孔的配合，应取较小间隙的间隙配合，以防止流体外漏（都应画一条线）。

（3）阀杆下端榫头与阀芯上部槽是具有较大自由间隙的非配合嵌入（应画两条线）。

（4）阀体与阀盖的连接处，分别设计成阶梯状，是为保证在轴向、径向两个方向上各只有一组表面接触，而另一组表面间应有足够大的空隙来确保需接触的表面紧密接触（轴向接触面加调整垫，通过螺柱、螺母压紧；径向接触面应有较高的同轴度和较紧密的配合）。

通过以上分析，对球阀的工作原理、部件组成、零件结构形状及其作用、零件间的主要装配关系，已有了一定了解，明确了表达目的，为选择视图、确定表达方案提供了条件。

（二）选择视图，确定表达方案

1. 选择主视图

（1）投射方向与安放位置

主视图在符合结构特征性原则的前提下，应按球阀工作位置安放（可取其与球阀装配轴测剖视图一致的全开位置）。

（2）表达方法的选用

主视图（见图9-2）应以球阀的前后对称平面剖切，取全剖视图（由于过对称平面剖切，可不做标注），以反映球阀零件间的主要装配关系、工作原理和主要零件的结构形状。对于实心杆件和扳手，因受纵向剖切，应按规定不画剖面线；但为了反映扳手和阀杆的连接关系，在扳手方孔处应以局部视图表示；扳手可采用折断画法。

2. 选择其他视图，并确定表达方案

除主视图外，还应选俯、左基本视图，并作适当剖视，帮补充表达。

（1）俯视图

俯视图应侧重反映球阀上部外形及阀体、阀盖的连接情况。为进一步反映扳手与阀杆的连接情况，在其连接处可作局部剖视；扳手仍可采用折断画法。为反映扳手的运动状态和范围，俯视图上应采用假想画法（以细双点画线画出）表示另一极限位置（全关闭位置）。对铸造圆角处的过渡线应正确表示，如图9-2中的俯视图所示。

（2）左视图

左视图应侧重反映球阀左部外形。为进一步反映球阀运动件阀杆、阀芯和填料、填料压紧套及阀芯与阀体内壁的侧（横）向结构和装配关系，可通过阀杆轴线用侧平面剖切作半剖视，并加以标注，这样左视图可内外兼顾达到上述表达要求。因扳手结构形状与连接情况在主、俯视图上已表示清楚，故左视图上可采用拆画法，并加标注，如图9-2中的左视图所示。

上述主、俯、左三个基本视图及其表达方法的选用，已达到了装配图的表达要求，不必再增加其他视图，这样就构成了一个较好的表达方案。读者可试列另外的表达方案，从方案比较中增强对部件装配图的表达能力。

表达方案确定后，标注出必要的尺寸和技术要求，并填写序号、明细栏和标题栏，即可完成球阀装配图的分析与绘制。

第四节 装配图的尺寸和技术要求

一、装配图的尺寸标注

在装配图中，不必标注全所属零件的全部尺寸，只需要标注出用以说明机器或部件的性能、工作原理、装配关系和安装要求等方面的尺寸，这些必要的尺寸是根据装配图的作用确定的，一般只标注以下几类尺寸。

（一）性能尺寸（规格尺寸）

性能尺寸（规格尺寸）是表示机器或部件的性能、规格的尺寸。这类尺寸在设计时就已确定，是设计机器或部件、了解和选用机器或部件的依据。如图 9-2 所示的球阀装配图中的球阀的管口直径 ϕ 20。

（二）装配尺寸

装配尺寸包括作为装配依据的配合尺寸和重要的相对位置尺寸。

1. 配合尺寸

配合尺寸是表示两零件间配合性质的尺寸，一般在尺寸数字后面都注明配合代号。配合尺寸是装配和拆画零件图，确定零件尺寸偏差的依据，也可为确定装配方法提供方便。

2. 相对位置尺寸

相对位置尺寸是表示设计或装配机器时需要保证的零件间较重要的相对位置的尺寸，也是装配、调整和校图所需要的尺寸。

（三）安装尺寸

安装尺寸是表示机器或部件安装在地基上或与其他部件（机架）相连时所需要的尺寸。如图 9-2 所示的球阀装配图中的尺寸 M 36×2。

（四）外形尺寸

外形尺寸是表示机器或部件外形的总长、总宽、总高的尺寸。它反映了机器或部件的大小，是机器或部件在包装、运输和安装过程中确定其所占空间大小的依据。如图 9-2 所示的球阀装配图中球阀的总长尺寸 115±1.10（不含扳手长）、总宽尺寸 75、总高尺寸 121.5。

（五）其他重要尺寸

其他重要尺寸是设计过程中经过计算确定或选定的尺寸，但又不包括在上述几类尺寸之中的重要尺寸。这类尺寸在拆画零件图时也是需要保证的，如轴向设计尺寸、主要零件的结构尺寸、重要定位尺寸、运动件极限位置尺寸等。

总之，凡属于上述五类尺寸，有多少标注多少，其余不必标注。

二、装配图的技术要求

用文字或符号在装配图中说明对机器或部件的性能、装配、检验、使用等方面的要求和条件，这些统称为装配图的技术要求。

（一）性能要求

性能要求是指机器或部件的规格、参数、性能指标等。

（二）装配要求

装配要求一般指装配方法和顺序，装配时的有关说明，装配时应保证的精确度、密封性等要求。

（三）检验要求

检验要求是指对机器或部件检测时，对所用的特定方法和专用量具、量仪加以要求和说明等。

（四）使用要求

使用要求是对机器或部件的操作、维护和保养等的要求。

（五）其他要求

其他要求如对机器或部件的涂饰、包装、运输等方面的要求及对机器或部件的通用性、互换性的要求等。

编制装配图的技术要求时，可参阅同类产品的图样，根据具体情况确定。技术要求中的文字注写应准确、简练，一般写在明细栏的上方或图纸左下方空白处，也可另写成技术要求文件作为图样的附件。

第五节　装配图的零部件序号和明细栏

为了便于读图，便于图样管理、备料和组织生产，对装配图中每种零部件都必须编注序号，并填写明细栏。

一、零部件序号

（一）序号的基本要求

（1）装配图中每种零部件均应编注序号。

（2）同一装配图中相同的零部件只用一个序号，且只标注一次；多处出现相同的零部件，必要时也可重复标注。

（3）装配图中零部件的序号，应与明细栏（表）中的序号一致。

（4）序号的指引线、基准（横短画）线及序号字体的写法均应符合规定。

（二）序号的编排方法

1. 序号的表示方法

序号的表示方法有以下三种形式：

（1）在指引线的水平基准（短画细实线）上或圆（细实线）内注写序号，序号字号比该装配图中所注尺寸数字的字号大一号，见图9-5（a）。

（2）在指引线的水平基准（短画细实线）上或圆（细实线）内注写序号，序号字号比该装配图中所注尺寸的字号大一号或两号，见图9-5（b）。

（3）在指引线的非零件端附近注写序号，序号字号比该装配图中所注尺寸数字的字号大一号或两号，见图9-5（c）。

同一装配图中编注序号的形式应一致。

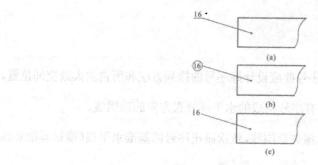

图9-5 装配图中编注序号的方法

2. 序号的指引线

（1）指引线应自所指引零部件的可见轮廓内引出，并在末端画一圆点，如图9-5所示。若所指部分为很薄的零件或涂黑的断面，且不便画圆点时，可在指引线末端画出箭头，并指向该部分的轮廓。

（2）指引线不宜过长，相互不能相交，应尽量不穿过或少穿过其他零件的轮廓；当穿过有剖面线的区域时，指引线不能与剖面线平行。

（3）指引线在必要时可以画成折线，但只可弯折一次。

（4）同一组紧固件以及装配关系清楚的零件组，可以采用公共指引线。如图9-6所示。

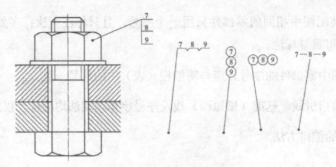

图9-6　零件组可用公共指引线

（5）对于标准部件（如滚动轴承、油杯等）应看成一个整体，只编注一个序号，用一条指引线。

3. 序号的编排方法

装配图中的序号应按水平或竖直方向排列整齐，可按下列两种方法编排：

（1）序号可按顺时针或逆时针方向绕整组图形的外围依次排列，不得跳号。

（2）当序号在整组图形的外围无法连续排列时，可在某个图形周围的水平或竖直方向上依次排列，不得跳号，如图9-2的序号排列。

当序号在水平与竖直方向上连续排列时，一般应为直角转折，以使序号排列整齐，如图9-2中处于转折位置的序号8。

（三）序号的画法

（1）为使序号排列整齐，画序号前应设计好序号的排列方法和所占的大致空间位置。

（2）用细实线轻轻地画出所有序号构成的水平或竖直方向的范围线。

（3）布置好各序号的间隔后，擦去范围线，依次画出序号的基准水平线（横短画细实线）或圆（细实线）。

（4）找准各零部件可见轮廓内的适当处，一一对应地连接指引线（细实线）和画出始端圆点。

二、明细栏

明细栏是机器或部件中全部零件的详细目录，应画在标题栏上方，当位置不够用时，可续接在标题栏左方。明细栏竖向分割线为粗实线，其余各线为细实线，其下边线与标题栏上边线重合，长度相等。

明细栏中，零部件序号应按自下而上的顺序填写，以便在增加零件时可继续向上画格。GB/T10609.1—2008 和 GB/T10609.2—2009 分别规定了标题栏和明细栏的统一格式。

学校制图作业明细栏可采用图 9-7 所示的格式。明细栏"名称"一栏中，除填写零部件名称外，对于标准件还应填写其规格，有些零件还要填写一些特殊项目，如齿轮应填写"$m=$""$z=$"。

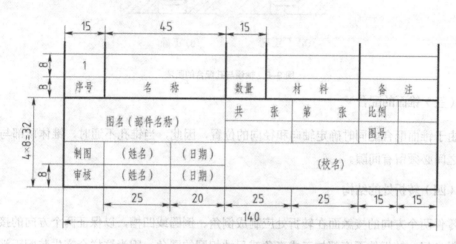

图 9-7　推荐学校使用的标题栏、明细栏

第六节　机器上常见装配结构的画法

为保证机器或部件能顺利装配，并达到设计规定的性能要求，而且拆装方便，必须使零件间的装配结构满足装配工艺要求。因此，设计者在设计绘制装配图时，应考虑合理的装配结构工艺问题。

一、接触面或配合结构的画法

（一）接触面的数量

两零件在同一方向上（横向、竖向或径向、轴向）只能有一对接触面，这样既能保证接触良好，又能降低加工要求，否则将造成加工困难，并且也不会同时接触。

（二）轴颈与孔的配合

如图 9-8（a）所示，为保证 ϕA 已经形成的配合，ϕB 和 ϕC 不再形成配合关系，即

必须保持 $\phi B > \phi C$，如图9-8（b）所示。

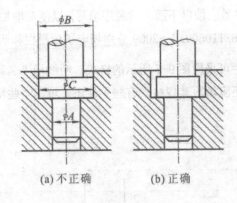

(a) 不正确　　　　　(b) 正确

图9-8　轴颈与孔配合的画法

（三）锥面的配合

由于锥面配合能同时确定轴向和径向的位置，因此，当锥孔不通时，锥体顶部与锥孔底部之间必须留有间隙。

（四）转折处的结构

零件两个方向的接触面在转折处应制成倒角、倒圆或凹槽，以保证两个方向的接触面均接触良好。转折处不应都加工成直角或尺寸相同的圆角，因为这样会产生装配干涉，以致接触不良而影响装配精度。

二、螺纹连接合理结构的画法

为了保证螺纹旋紧，应在螺纹尾部留出退刀槽或在螺孔端部加工出凹坑或倒角。

为了保证连接件与被连接件接触良好，被连接件上应制成沉孔或凸台，如图9-9所示。被连接件通孔的直径应大于螺杆直径或螺纹大径，以便于装配，如图9-9所示。

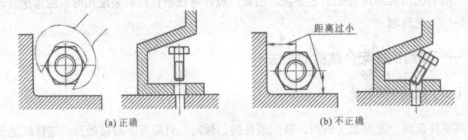

(a) 正确　　　　　　　　(b) 不正确

图9-9　保证良好接触的结构

三、滚动轴承轴向固定合理结构的画法

为了防止滚动轴承产生轴向窜动，必须采用一定的结构来固定其轴圈、底圈。常用的

轴向固定结构形式有轴肩、台肩、弹性挡圈、端盖凸缘、圆螺母、止退垫圈、轴端挡圈等，如图9-10所示。孔和轴用弹性挡圈的标准尺寸，可从标准中查取。

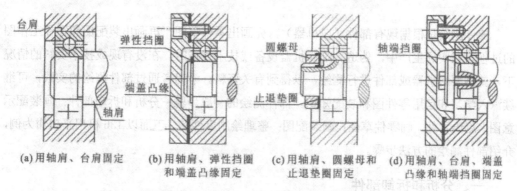

(a)用轴肩、台肩固定　　(b)用轴肩、弹性挡圈　　(c)用轴肩、圆螺母和　　(d)用轴肩、台肩、端盖
　　　　　　　　　　　和端盖凸缘固定　　　　止退垫圈固定　　　　凸缘和轴端挡圈固定

图9-10　滚动轴承轴圈、底圈的轴向固定方法

四、防漏结构的画法

机器或部件能否正常运转，在很大程度上取决于密封或防漏结构的可靠性。为此，在机器或部件中的旋转轴、滑动杆（阀杆、活塞杆等）伸出箱体（或阀体）处常做成填料箱，填入具有特殊性质的软质填料，用压盖或螺母将填料压紧，使填料以适当的压力贴在轴（杆）上，达到既不阻碍轴（杆）运动，又能阻止工作介质（液体或气体）沿轴（杆）泄漏，从而起到密封和防漏作用，如图9-11所示。画装配图时，压盖画在表示填料刚刚加满且开始压紧填料的位置。

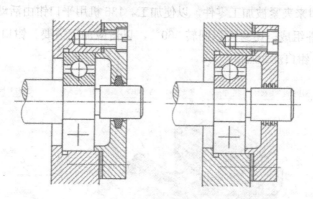

图9-11　防漏结构

第七节 部件测绘

部件测绘是根据现有部件（或机器），先画出零件草图，再画出装配图和零件工作图的过程。在实际生产中，伪造、维修机器设备或技术改造时，在没有现成技术资料的情况下，就需要对机器或部件进行测绘，以得到有关资料。学习者通过部件测绘的实践，可继续深入学习和运用零件图和装配知识。部件测绘的一般步骤：分析和拆卸部件；画装配示意图；测绘零件，画零件草图；画装配图；整理绘制零件图。下面以 136 机用平口钳为例，介绍部件测绘的方法步骤。

一、分析和拆卸部件

（一）分析部件

学习者对测绘对象全面了解和分析，是测绘工作的第一步。学习者应首先了解测绘的任务和目的，决定测绘工作的内容和要求；再通过观察实物和查阅有关图样资料，了解部件（或机器）的性能、功用、工作原理、传动系统和运转情况，了解部件的制造、检验、维修、构造和拆卸等情况。

1. 分析测绘对象（136 机用平口钳）的功用、性能和特点

图 9-12 所示为 136 机用平口钳的装配轴测图。136 机用平口钳安装在铣床或钻床的工作台上，用钳口来夹紧被加工零件，以便加工。136 机用平口钳由活动钳身、固定钳身、底座、丝杠等零件组成。钳身可以回转 360°，以适应加工需要。钳口宽 136mm，最大张开距离为 170mm，钳口深 36mm。

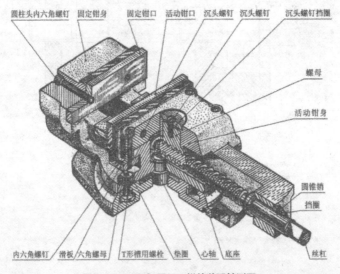

图 9-12 136 机用平口钳的装配轴测图

2.分析测绘对象（136机用平口钳）的工作原理

（1）夹紧、放松

从图9-12中可以看出，转动丝杠时，由于挡圈、圆锥销和丝杠上轴肩的限制，使丝杠在固定钳身的孔内不能做轴向移动，活动钳口也是用沉头螺钉固定在活动钳身上的。所以旋转丝杠时，活动钳身便可带动活动钳口左右移动，以夹紧或放松工件。固定钳口用圆柱头内六角螺钉固定在固定钳身上。

（2）钳身回转

滑板用圆柱头内六角螺钉固定在活动钳身上。以T形槽用螺栓、垫圈和六角螺母，将固定钳身固定在底座上。松开六角螺母时，可使钳身绕心轴做旋转运动，以满足对工件加工时不同位置的需要。调整好旋转角度，再旋动六角螺母固定。

以上述两条传动路线为核心，应再进一步分析装配关系、制造和拆卸方法、顺序等。

（二）拆卸部件

拆卸部件时应注意以下几点：

（1）拆卸前应先测量一些必要的尺寸数据，如某些零件间的相对位置尺寸、运动件极限位置的尺寸等，以作为测绘中校核图样的参考。

（2）要周密制定拆卸顺序，划分部件的各组成部分，合理地选用工具和正确的拆卸方法，按一定顺序拆卸，严防乱搞乱撬。

（3）对精度较高的配合部位或过盈配合，尽量少拆或不拆，以免降低精度或损坏零件。

（4）拆下的零件要分类、分组；应对所有零件进行编号登记，零件实物应拴上标签；有秩序地放置，防止碰伤、变形、生锈或丢失，以便再装配时仍能完好地保证部件的性能和要求。

（5）拆卸时，要认真研究每个零件的作用、结构特点及零件间的装配关系，正确判别配合性质和加工要求。

二、画装配示意图

（一）装配示意图的作用

装配示意图是在部件拆卸过程中所画的记录图样。零件之间的真实装配关系，只有在拆卸后才能显示出来。因此，必须边拆边画装配示意图，记录各零件间的装配关系，作为绘制装配图和重新装配的依据。

（二）装配示意图的画法

图 9-13 所示为 136 机用平口钳装配示意图。装配示意图一般以简单的线条画出零件的大致轮廓，按国家标准规定的简图符号，以示意图的方法表示每个零件的位置、装配关系和部件的工作情况。

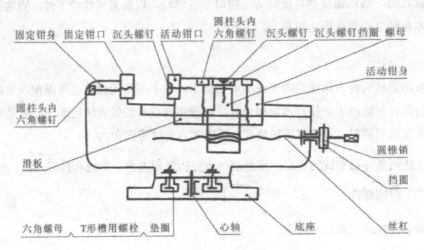

图 9-13 136 机用平口钳装配示意图

装配示意图的画法要点如下：

（1）对各零件的表达，通常不受前后层次的限制，尽可能把所有零件集中在一个视图上表达，如有必要也可补画其他视图。

（2）图形画好后，应将各种零件编上序号或同时写出名称（要与零件标签上的编号一致），对于标准件还应及时确定标记。

（3）测绘较复杂的部件或机器时，必须画装配示意图。

三、测绘零件，画零件草图

零件草图是画装配图的依据，零件草图的画法及有关要求已在零件图中介绍过，部件测绘中画零件草图还应注意以下几点：

（1）除标准件之外的其余所有零件，都必须画零件草图。如 136 机用平口钳共有 19 种零件，除 9 种标准件只须标记（并列出明细表）之外，其余 10 种非标准件都必须画出零件草图。

（2）画成套零件草图，可先从主要的或大的零件着手，按装配关系依次画出各零件草图，以便随时校核和协调零件的相关尺寸。如 136 机用平口钳可先画固定钳身、活动钳身、底座、螺母、丝杠，再画出其他零件。

测绘者量出两零件的配合尺寸或接合面的尺寸后，要及时填写在各自的零件草图中，以免发生矛盾。如活动钳身和螺母的配合尺寸 $\phi 28 \dfrac{\mathrm{H8}}{\mathrm{js7}}$，其螺母尺寸为 $\phi 28\mathrm{js}7$，活动钳身尺寸为 $\phi 28\mathrm{H}8$，应及时对应地填入各自的零件草图中。

四、画装配图

（一）画装配图的方法步骤

1. 一般步骤

画装配图的具体方法步骤，常因部件的类型和结构特点不同而不同，故要视具体情况做具体分析，具体步骤如下：

（1）先画主体零件（或基础零件、核心零件），即沿主要传动路线或主要装配干线画。

（2）然后再逐步扩展，依次画次要零件，最后画结构细节。

（3）每一步骤所涉及的零件都必须几个视图联系起来画，以对准投影关系、协调相邻零件间的装配关系或连接关系，确保作图的准确性和提高作图速度。

2. 画 136 机用平口钳装配图的步骤

（1）画底座和心轴。

（2）画固定钳身、固定钳口和丝杠。

（3）画活动钳身、活动钳口和其他零件。

（4）画基本视图之外的其他视图和结构细节。

也可以先画固定钳身、丝杠，再画底座、活动钳身，依次逐步扩展。

画装配图底稿也同画零件图底稿一样，应"轻、细、准"，仔细校核后才能加深。

（二）具体画图步骤

（1）选定比例、图幅，画图框留出标题栏、明细栏的位置，布置图形，画基准线。

布置图形之前，应选定比例，再定图幅；画图框线，留出标题栏、明细栏和填写技术要求文字说明的位置；再根据表达方案布置图形，画主要基准线。

通常用主要轴线、对称中心线、对称线及主要零件的主要轮廓线、主要加工面（底、端平面）作为画各视图的主要基准线，将各视图定位。主视图上要画出丝杠的轴线、心轴的轴线和底座的底面位置线，俯视图上要画出 136 机用平口钳的对称线和心轴底座的对称中心线，左视图上要画出 136 机用平口钳的对称线、丝杠的对称中心线和底座的底面位置线。

画好各基本视图的基准线后，即可按上述所确定的先后顺序画底稿。

（2）画底稿，先画底座（基础件）和心轴（核心件）。

（3）画固定钳身、固定钳口和丝杠。

（4）画活动钳身、活动钳口和其他零件。

（5）画基本视图之外的其他视图和结构细节。

（6）检查校核，标注尺寸和配合等图上的技术要求。

（7）画剖面线，编注序号。

（8）按粗、细线型要求加深所有图线和图框线，绘制与填写标题栏、明细栏，编写文字技术要求，校核全图。

上述步骤（6）至（8）的先后顺序，可根据自己的画图经验做适当调整。学习者对完成的部件装配图，应反复校核，并修改错误。

五、画零件工作图

根据装配图和零件草图，整理绘制出一套零件工作图，这是部件测绘的最后工作。画零件工作图的要点如下。

（1）画零件工作图时，其视图选择不强求与零件草图或装配图上该零件表达完全一致，可从加工制作零件的角度，进一步改进表达方案。

（2）绘制装配图后，若发现零件草图中的问题，应在画零件工作图时加以改正。

（3）注意配合尺寸或零件间相关尺寸应协调一致。

（4）零件的表面结构要求，尺寸公差、几何公差等技术要求，可参阅有关资料及同类或相近产品图样，结合生产条件及生产经验加以制订和标注。

（5）画零件工作图的方法步骤与画零件草图基本相同。

第八节　读装配图的方法步骤

部件测绘是根据现有部件（或机器），先画出零件草图，再画出装配图和零件工作图的过程。在机械或部件的设计、装配、检验和维修工作中，在进行技术革新、技术交流过程中，都离不开装配图。工程技术人员必须具备熟练读装配图的能力。读装配图的目的要求如下：

第一，了解机器或部件的性能、作用和工作原理。

第二，了解各零件间的装配关系、拆卸顺序以及各零件的主要结构形状和作用。

第三，了解其他组成部分，了解主要尺寸、技术要求和操作方法等。

一、概括了解部件的作用和组成

读装配图时，学习者首先由标题栏了解机器或部件的名称；由明细栏了解组成机器或部件的各种零件的名称、数量、材料及标准件的规格，估计机器或部件的复杂程度；由画图的比例、视图大小和外形尺寸，了解机器或部件的大小；由产品说明和有关资料，联系生产实践知识，了解机器或部件的性能、功用等，从而对装配图的内容有一个概括了解。

二、分析视图

首先找到主视图，再根据投影关系识别其他视图的名称，找出剖视图、断面图所对应的剖切位置。根据向视图或局部视图的投射方向，识别出表达方法的名称，从而明确各视图表达的意图和侧重点，为下一步深入看图做准备。

三、分析装配关系和工作原理

这是深入读图的重要阶段。可先从反映工作原理、装配关系较明显的视图入手，抓主要装配干线或传动路线，分析有关零件的运动情况和装配关系；然后抓其他装配干线，继续分析工作原理、装配关系，零件连接、定位以及配合的松紧度等。此外，对部件的润滑、密封方法等内容，也应分析了解。

对于不同的部件，其分析方法也不尽相同。例如，对一般的减速器，可抓传动路线，从输入端开始经各轴系逐步分析到输出端。对钻模来说，则可从工件定位、夹紧部分开始分析，然后分析导向部分。

四、分析零件的主要结构形状和作用

对于标准件、常用件，在装配图中比较容易读懂和分离。对于一般零件，有简有繁，它们的作用和地位又各不相同，通常先从主要零件开始分析，最好从表达该零件较明显的视图入手，联系其他视图，有针对性地分析与分离零件。

（1）利用序号指引线识别零件在部件中的位置和大致轮廓。

（2）利用规定画法（如同一零件及相邻零件的剖面线画法；接触或配合面画一条线，不接触面画两条线；实心轴或杆件横剖纵不剖画法等）来区别零件。

（3）利用装配图的基本表达方法、特殊画法等表达上的特征识别零件。

（4）利用装配结构的合理性判别零件间的邻接关系。

（5）利用投影规律，辨明零件被遮挡的结构等。

利用上述方法，找出所分析零件在各视图中的对应投影关系，即可将零件的视图从装配图中分离出来，从而想象出它的结构形状，并进一步分析它的作用。这是读懂装配图的重要环节和标志。

五、归纳总结

对机器或部件的工作原理、装配关系和各零件的主要结构形状进行分析之后，还应对装配图上所注的尺寸和技术要求进行分析研究，从而了解机器或部件的设计意图和装配工艺性等，并弄清各零件的拆装顺序。经过归纳总结，加深对机器或部件的认识，完成读装配图的全过程，并为拆画零件图打下基础。

第九节　由装配图拆画零件图

由装配图拆画零件图，是设计过程中的重要环节，也是检验装配图和画零件图能力的一种常用的教学方法，在全面读懂装配图的基础上，按照零件图的内容和要求拆画零件图。下面介绍拆画零件图的一般方法和步骤。

一、对装配图中所含零件的分类处理

拆画零件图前，要对装配图中所含的零件进行分类处理，以明确拆画对象。装配图中的零件可分为以下四类：

（一）标准件

大多数标准件属于外购件，故只需要列出汇总表，填写标准件的规定标记、材料及数量即可，不需要拆画其零件图。

（二）借用零件

借用零件是指借用定型产品中的零件，可利用已有的零件图，不必另行拆画其零件图。

（三）特殊零件

特殊零件是设计时经过特殊考虑和计算所确定的重要零件，如汽轮机的叶片、喷嘴等。这类零件应按给出的图样或数据资料拆画其零件图。

（四）一般零件

一般零件是拆画的主要对象，应按照在装配图中所表达的形状、大小和有关技术要求来拆画零件图。

二、读懂装配图，分离零件

按读装配图的方法步骤读懂装配图，弄清机器或部件的工作原理、装配关系、各零件的主要结构形状及功用，在此基础上将所需要拆画的零件从装配图中分离出来。可采用润色法，即在装配图中，将每一种零件在各视图中所占对应的表达区域，涂上同一种颜色，以醒目区分、分离零件。

三、认清零件在装配图中的视图表达方案，并想象出零件的完整结构形状

综合上述阅读方法和分析过程，便可完整地想象出模板的完整形状，如图 9-14 所示。在装配图中勾描出（或涂色）该零件的视图（表达方案），并拆画出来（此处从略），作为最终确定零件视图表达方案的依据。拆画出来的模板零件图如图 9-15 所示。

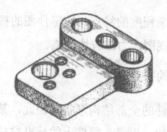

图 9-14　模板零件图

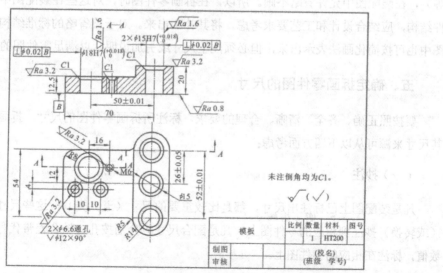

图 9-15　模板零件图

四、确定拆画零件的视图表达方案

（一）拆画零件的视图表达方案

装配图的表达方案是从整个机器或部件的角度考虑的，重点是表达工作原理和装配关系；而零件图的表达方案则是从零件的设计和工艺要求出发，并根据零件的结构形状来确定的，零件图必须把零件结构形状表达完整、清楚。因此，零件在装配图中所体现的视图方案仅适合装配图整体表达的需要，不一定适合零件图的表达要求，故在拆画零件图时不宜机械地照搬零件在装配图中的视图方案，而应重新全面考虑。

（二）拆画零件各视图的选择原则

1.拆画零件各视图的选择原则

箱体类零件主视图应与镗（或车）削多排轴孔（或单孔）的加工位置或工作位置一致，轴套类、轮盘类零件应按加工位置选择主视图，叉架类零件应按工作位置或放正后选择主视图。

2.其他视图的选择原则

根据零件的结构形状、复杂程度的特点，按零件图的视图选择原则和方法选定，应优先选择基本视图，再选择其他视图，力求表达简练。

（三）关于零件未示结构的补充

由于装配图不侧重表达零件的全部结构形状，因此，某些零件的个别结构在装配图中可能表达不清或未给出完整形状；再者，零件上的标准结构要素（如倒角、圆角、退刀槽等），在装配图中允许省略不画。所以，在拆画零件图时，对这些在装配图中未示出的零件结构，应结合设计和工艺要求考虑，将其补画出来。对于被省略的标准结构要素，零件图中也可按简化画法表示出来，但必须注全尺寸或另加说明，以满足零件图的要求。

五、确定拆画零件图的尺寸

要按照正确、齐全、清晰、合理的要求，标注所拆画零件图的尺寸。拆画的零件图，其尺寸来源可从以下四方面考虑：

（一）抄注

凡是装配图上已标注出尺寸，都是比较重要的尺寸（五大类），这些尺寸数值可直接（或转换）抄注到相应的零件图上。凡是配合尺寸应分别按孔、轴公差带代号或查出偏差数值，标注在相应的零件图上。

（二）查取

凡是拆画的零件图，其中的标准结构，补画时的尺寸数值应从有关标准中查取，校对后进行标注；螺孔、键槽可查明细栏，按配合件中的另一零件（标准件）的规定标记来确定。

（三）计算

零件的某些尺寸数值，需要根据装配图所给的有关尺寸和参数，经过必要的计算或校核来确定，且不许圆整。如齿轮分度圆直径，可根据模数和齿数或齿数和中心距计算确定。

（四）量取

装配图中没有标注的尺寸，应按装配图的比例在装配图的比例上直接量后换算出来，并按标准系列适当圆整到标准长度或标准直径的数值。尺寸来源，量取占多数，如拆画的模板零件图中，除抄注、查取的上述尺寸之外，其余尺寸都是从装配图上量取后确定的。

根据上述尺寸来源，配齐所拆画零件图的尺寸。标注尺寸时要恰当选择尺寸基准和标注形式；与相关零件的配合尺寸、相对位置尺寸，要注意协调一致，避免矛盾；功能尺寸应准确无误。

六、确定拆画零件图的技术要求

根据零件的作用，结合设计要求和工艺要求，查阅有关手册或参阅同类、相近产品的零件图，来确定并标注所拆画零件图的技术要求（包括表面结构要求、尺寸公差、几何公差、热处理和表面处理等），最后填写标题栏。经上述步骤即完成所拆画的零件图。

以钻模装配图拆画钻模体零件图为例，简要分析拆画的方法步骤。

（一）分离与分析拆画对象钻模体

读懂钻模装配图，想象出钻模体的结构形状。将钻模体完整无误地从钻模中分离出来是拆画零件图的关键。

（二）重新考虑钻模体的表达方案（见图9-16）

1. 主视图的选择

如图9-16所示，钻模体的主视图重新选择了投射方向和安放位置，且用了A—A全剖视图，主要反映了钻模体的内部结构形状。其投射方向符合结构特征性原则，安放位置又符合工作位置原则要求，因为该安放位置既是钻模体各孔在钻床上钻、铰的主要加工位置，又是钻模体在钻模部件中的工作位置。

2. 其他视图的选择及其表达方案的确定

如图9-16所示，除主视图之外，还用了俯、左视图及剖视图B—B、向视图C等五个视图，

◎ 机械制图 ◎

俯视图主要反映了钻模体的上部外形；左视图用了局部剖视图，进一步反映了内部形状，又兼顾了外形的进一步表达；剖视图 B—B 主要反映了钻模体内水平斜齿轴和铅垂斜齿杆的轴孔贯通情况；向视图 C 反映了钻模体前部左端面与挡板 14 连接用的两个螺孔和两个锥销孔的相对位置关系。这一组五个视图所形成的表达方案，有别于它在装配图中的原视图方案，较好地反映了钻模体的内外完整结构形状。

3. 配齐尺寸和技术要求

按照尺寸来源（抄注、量取、查取、计算）配齐尺寸，参阅相关资料配齐包括用符号和文字说明的各项技术要求。至此，即完成所拆画的钻模体零件图（见图 9-16）。

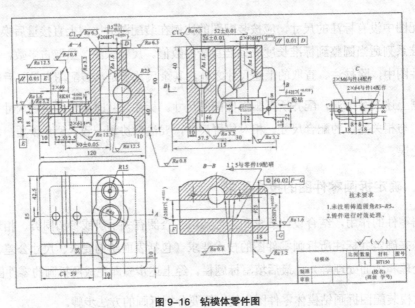

图 9-16　钻模体零件图

思考题

1. 看图填空

（1）请把图 9-17 所示球阀装配图中引线所指处采用的表达方法填写在下面。

1—_____ ；2—_____ ；3—_____ ；

4—_____ ；5—_____ ；6—_____ 。

（2）装配图中标注尺寸可分为_____ 、_____ 、_____ 、_____ 等。把图中引线所指尺寸的类型填写在下面。

A—_____ ；B—_____ ；C—_____ ；D—_____ 。

— 158 —

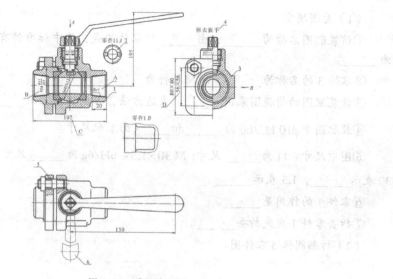

图 9-17 球阀装配图

2. 读图和拆画零件图

读图 9-18 所示的推杆阀装配图，回答问题并拆画阀体 3 零件图。

工作原理：当推杆 1 在外力作用下向左移动时，推杆通过钢珠 4 压缩弹簧 5，使钢珠向左移动离开 ϕ 11mm 孔，管路中的流体就可以从进口处经过 ϕ 11mm 孔的通道流到出口处。反之，当外力消失时，在弹簧弹力的作用下钢珠向右移动，将 ϕ 11mm 孔的通道堵上，此时流体不能流通。

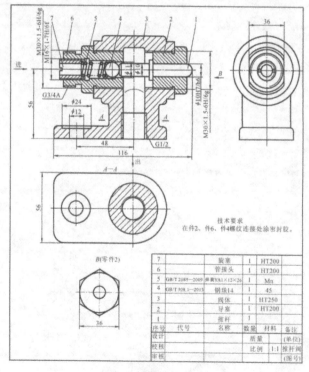

图 9-18 推杆阀装配图

（1）看图填空。

①该装配图名称为_____，由_____种零件组成，其中标准件有_____种，绘图比例为_____。

②零件 3 的名称为_____，所用材料为_____。

③该装配图的俯视图采用_____的表达方法，B 向视图采用_____特殊画法。

④装配图中 ϕ10 H7/h6 为_____和_____的装配尺寸。

⑤图中尺寸 ϕ 11 为_____尺寸；M 30×1.5 – 6H/6g 为_____尺寸，M 表示_____螺纹，30 表示_____，1.5 表示_____。

⑥零件 1 的作用是_____。

⑦拆去零件 1 应先拆去_____。

（2）拆画阀体 3 零件图。

参考文献

[1] 朱凤艳. 机械制图 [M].3 版. 北京：北京理工大学出版社，2021.

[2] 郑敏，李海燕. 机械制图 [M]. 北京：北京邮电大学出版社，2021.

[3] 张绍群，史振萍. 机械制图实践教程 [M]. 北京：机械工业出版社，2021.

[4] 王新年. 机械制图 [M].3 版. 北京：电子工业出版社，2021.

[5] 陈英，李富梅，赵娜. 机械制图 [M]. 成都：电子科技大学出版社，2020.

[6] 李杰，王致坚，陈华江. 机械制图 [M]. 成都：电子科技大学出版社，2020.

[7] 佟莹，赵学科，叶勇. 机械制图 [M]. 重庆：重庆大学出版社，2020.

[8] 朱琳. 机械制图 [M]. 哈尔滨：哈尔滨工程大学出版社，2020.

[9] 胡建生. 机械制图与 AutoCAD[M]. 北京：机械工业出版社，2020.

[10] 余晓琴，杨晓红. 机械制图 [M]. 北京：机械工业出版社，2020.

[11] 丁一，李奇敏. 机械制图 [M]. 北京：高等教育出版社，2020.

[12] 张慧，王楠，吴明川. 机械制图 [M]. 北京：化学工业出版社，2020.

[13] 叶小磊，宁乾成. 机械制图 [M]. 北京：中国纺织出版社，2020.

[14] 王小兰. 机械制图 [M]. 厦门：厦门大学出版社，2020.

[15] 李俊源，李克彬，姜献峰. 机械制图 [M]. 北京：化学工业出版社，2020.

[16] 丁乔. 机械制图 [M]. 武汉：华中科技大学出版社，2019.

[17] 严辉容，胡小青. 机械制图 [M]. 北京：北京理工大学出版社，2019.

[18] 刘东晓，张岩. 机械制图 [M]. 北京：北京理工大学出版社，2019.

[19] 张作状，纪培国. 机械制图 [M]. 北京：北京理工大学出版社，2019.

[20] 邹艳红，秦忠. 机械制图 [M]. 北京：北京理工大学出版社，2019.

[21] 孙瑞霞. 机械制图 [M]. 北京：北京理工大学出版社，2019.

[22] 吴学农. 机械制图手册 [M]. 合肥：合肥工业大学出版社，2019.

[23] 陆玉兵. 机械制图测绘 [M]. 北京：北京理工大学出版社，2019.

[24] 赵建国，刘万强，吴伟中. 画法几何及机械制图 [M]. 北京：机械工业出版社，2019.

[25] 仲阳，邢金鹏，毛德彩. 机械制图 [M]. 天津：天津科学技术出版社，2018.

[26] 张春来，李国辉，郑鄂湘. 机械制图 [M]. 成都：电子科技大学出版社，2018.

[27] 张文亮. 机械制图 [M]. 济南：山东科学技术出版社，2018.

[28] 吕思科，周宪珠，杨辉. 机械制图 [M]. 北京：北京理工大学出版社，2018.

[29] 于海祥，刘文英. 机械制图 [M]. 成都：电子科技大学出版社，2018.

[30] 谢丽君，冯爱平，张玲芬. 机械制图 [M]. 北京：北京理工大学出版社，2018.

[31] 汪丽丽，林玉闪，杨意志. 机械制图 [M]. 延吉：延边大学出版社，2018.

[32] 王宗玲，安丰金，张世江. 机械制图 [M]. 北京：北京理工大学出版社，2018.